光环境设计

秦亚平 编著

普通高等教育 **艺术 设计** 类
"十二五" **规划教材** · 环境艺术设计专业

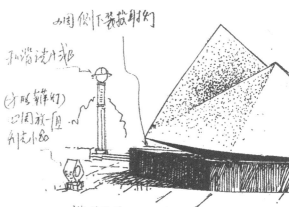

中国水利水电出版社
www.waterpub.com.cn

内 容 提 要

本书通过 6 个章节来介绍光环境设计的内容、理论观点、设计原则及设计案例等，具体内容包括光的基础知识、灯具样式及照明形式、灯光的艺术再创造、室内光环境艺术设计要点、室外光环境艺术设计要点、光环境艺术设计方案制定及设计案例赏析。全书以大量的图片实例及国内外经典案例分析为特点，展现出光环境艺术特性，强调了照明艺术设计的重要性和必要性。

本书可作为环境艺术设计、景观设计、室内设计及建筑装饰等相关专业的教材使用，也可作为照明设计爱好者参考用书。

图书在版编目（CIP）数据

光环境设计/秦亚平编著 . —北京：中国水利水
电出版社，2012.10（2018.8 重印）
普通高等教育艺术设计类"十二五"规划教材 . 环境
艺术设计专业
ISBN 978 - 7 - 5170 - 0256 - 7

Ⅰ.①光… Ⅱ.①秦… Ⅲ.①建筑-照明设计-高等
学校-教材 Ⅳ.①TU113.6

中国版本图书馆 CIP 数据核字（2012）第 242312 号

书 名	普通高等教育艺术设计类"十二五"规划教材·环境艺术设计专业 **光环境设计**
作 者	秦亚平 编著
出版发行	中国水利水电出版社 （北京市海淀区玉渊潭南路 1 号 D 座 100038） 网址：www. waterpub. com. cn E - mail：sales@waterpub. com. cn 电话：（010）68367658（营销中心）
经 售	北京科水图书销售中心（零售） 电话：（010）88383994、63202643、68545874 全国各地新华书店和相关出版物销售网点
排 版	北京时代澄宇科技有限公司
印 刷	北京印匠彩色印刷有限公司
规 格	210mm×285mm 16 开本 9.5 印张 153 千字
版 次	2012 年 10 月第 1 版 2018 年 8 月第 3 次印刷
印 数	5001—7000 册
定 价	**39.00 元**

前 言
Preface

光，是一种物质形态，是宇宙的自然现象，同时也是人类生活的必要条件。光是人类认识世界的重要工具，是信息的理想载体及传播媒质，她给予我们丰富的造型词汇，赋予了我们更为生动的情感。

从远古时代遂人氏钻木取火，照亮山洞、草棚，到现代城市高楼大厦灯光辉煌，人们从未间断过在黑夜中对光的追求，孜孜不倦的探索已走过了一条漫长的追"光"之路。

自然光周而复始地更迭，控制着人体生物钟，使我们的生命节奏保持着平衡。日光制造维生素和众多迄今未知的营养物质，使我们的机体生生不息，保持健康。我们从光中获得90%左右赖以生存的外界信息——明亮的、温暖的、活跃的光振奋人的精神，使我们心理上感到满足和愉悦。当夕阳西下，夜幕降临时，人们仍留恋着日光带来的光明。

的确，我们的生命是借助于太阳的光线来维持的，这是人和一切昼行动物所赖以繁衍的条件之一，也因此被称为"生命之火"。所以，人们对太阳的崇拜、渴望光明、祭祀火神的仪式至今还在延续。如今，中国西南山区每年的农历六月二十四日是彝族最盛大的节日——"火把节"。此节日象征战胜邪恶、追求光明、歌颂幸福（见图1）。

人类离不开光，走向光明是人的本能。正如我们在自然环境中所见的：太阳的昼夜轮回，加之月球的"间接照明"——夜幕当空的月光，当然还有

图1　中国西南地区彝族火把节场景

太空中数不尽的满天星辰，使得地球滋生了万物，孕育了人类，并且向人类解释着时间和季节的循环，这就是人类应该诚感恩泽的自然光源形态。

翻开人类发展史，从原始人的"篝火"发展到油灯、电灯，不难看出这是人类不断发明创造的进程，同时也是人类延长白昼时间，改造光环境的探索之路。以人类早期运用"人工光源"及灯具而言，中国古代使用的燃料分为两种：膏灯和烛灯，即后世所言的油灯和烛台，随着"洋油"输入燃料后，从食用植物油改为煤油，从此，灯的燃料有一些根本的改变。基于人们生活使用的习惯，"烛"目前在物理学上仍然作为发光强度的单位，也简称为"烛"。而电灯泡的烛数也是指瓦特数，如60烛=60W（瓦特）。

众所周知，中国是文明古国，早在春秋时期就已经有了成型的灯具出现。后来到了唐盛时期灯具形式多种多样，分类细致。具体可分为实用性、装饰性或纯装饰性等，就功能而言，分为照明灯和礼仪灯，就形式而言分为座灯、行灯和座行两用灯。中国古代是个礼仪大国，"蓝膏明烛，华灯错些"，就是当时特定时代光环境的真实写照。同时为了巩固统治者的政权，体现当时社会的政治规章制度，在灯饰使用上也有文野之分、宫廷和民间之别。例：1968年在河北出土鎏金青铜人形长信宫灯，反映出当时达官贵人的奢华生活方式，也体现出中国古代制灯工艺和精美装饰的统一，展现出时代的灿烂辉煌（见图2）。时代变迁，岁月流逝，但中国风以它那浑厚的历史文化气息和独特的审美风格至今成为当今世上的时尚，中国设计元素在人类社会中大放异彩（见图3和图4）。

图2　长信宫灯图片　　　　　　　　　　　图3　中国灯笼造型灯具在现代室内空间中的运用

　　光是人类历史发展进程的见证。社会在发展历程中，一旦在技术与科学上出现了突破，便预示了一个全新的文明时代的来临。1879年，美国科学家爱迪生发明的碳丝灯泡，使人类开始告别了数十万年来以火燃照明的漫长的昏暗时代。

　　19世纪80年代，纽约、伦敦和巴黎等世界上几个大城市率先架设了电线，将发电厂的电力输送到家庭、办公室和工厂，这是一项科学奇迹。只要轻轻按一下开关，弹指间就可以将黑夜变成白昼，这预示了油灯、蜡烛、煤气灯的时代将成为历史。光极大满足了人们生活、生产、发展的需要，对社会发展、文明进步、历史演变给以巨大的推动作用。它通过建筑、桥梁、村落、厂矿、城市山水、自然风光、田野、交通道路光影的再现，展示自己的存在和美丽，带给人类无限的遐想和心灵触动，并营造出宜人的环境（见图5）。

　　然而，无论人们是否认识到，光环境设计已成为环境艺术设计及建筑、城市规划中非常重要的组成部分。出色的光环境设计不但能确保人们在适宜的照度水平下活动，而且还能以光、色、影来弥补室内外设计中的不足，

图5　现代城市灯光鸟瞰图

图4　中国古典灯饰元素体现室内空间的风格

甚至能塑造出同白昼不一样的精彩，从而诠释了人们对环境安全的不同感受，使得夜晚成为充满魅力的另一个世界。随着社会的不断发展进步，人们文化生活的不断丰富，光环境设计正以她那特异的神笔，勾画出城市的轮廓，凸显环境的肌理，渲染着建筑和室内空间的绚丽多彩。

《光环境设计》这本书同大家见面，是本人10多年在环境艺术设计学科中学习研究的一点成绩和教学经验的一次总结，此书作为高等专业院校教材及参考资料是非常合适的。本书通过6个章节来介绍光环境设计的内容、理论观点、设计原则及设计案例等。第1章光的基础知识，第2章灯具样式及照明形式，第3章灯光的艺术再创造，第4章室内光环境艺术设计要点，第5章室外光环境艺术设计要点，第6章光环境艺术设计方案制定及设计案例赏析。书中以大量图片及国内外经典案例分析为特点，展现出光环境艺术特性，强调了照明艺术设计的重要性和必要性。

本书前期图片及设计案例由罗淞元帮助提供；后期图片搜集整理和补充案例由胡浪滨提供。

本书中引用了一些同行们的学术观点以及相关内容作品。在此，本人谨向大家表示衷心的感谢！

编　者

2012 年 7 月

目　录
Contents

第1章
光的基础知识

光是能量的一种存在形式，人类对它是极为依赖。良好的光环境是保证人们进行正常工作、生活和学习的必要条件，是现代城市生活中非常重要的内容。但是随着电光源在人们生活中的普及，人工照明在卫生、健康以及安全等方面所产生的负面影响也不容忽视。为了创造良好的光环境，首先要了解光的性质、光的效应和人工光源（电光源）的用途及分类。

1.1 光的性质

1.1.1 光

光，分为自然光和人工光源两类。自然光主要指太阳光源直接照射或经过反射、折射、漫射而得到的，而人工照明则随着时代的发展，无论是从使用性、科学性、艺术性都逐渐具有丰富多样变化性（见图1-1～图1-4）。

图1-1　闪电

图1-2　彩虹

图 1-3　晚霞

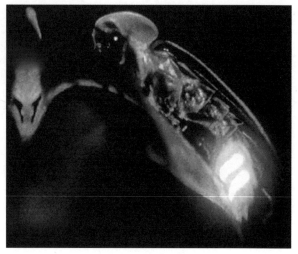

图 1-4　发亮昆虫

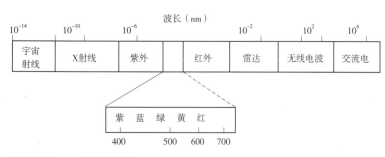

图 1-5　电磁波波谱图

光从物理学定义上来分析是一种电磁波。早在一百多年前，英国科学家麦克斯韦（Maxwell，1831—1879）就已经证明了这一点。阳光、灯光、无线电波，都是电磁波，只不过它们的波长不同，最短的如宇宙射线，其波长只有数十飞米（10^{-15}m），最长的如交流电，其波长可达数千千米，只有波长在 380～780nm（纳米，10^{-9}m）的电磁波之间才能引起人的视觉，称为可见光波（见图 1-5）。

1.1.2　光谱

光谱是在光与色的作用下，在人的视线范围内，通过不同波长引起人的不同颜色的视觉感。光通过三棱镜可分析出红、橙、黄、绿、青、蓝、紫七种单色，也包括了可见光谱的全部波长范围：380～780nm（见表 1-1）。比 380nm 更短的波长为紫外线，比 780nm 更长的波长是红外线。

表 1-1　　　　　　　　　　　　　各种不同颜色的光波波长范围

波长范围（mm）	颜　色	波长范围（nm）	颜　色
780～620	红光	490～450	青光
620～590	橙光	450～420	蓝光
590～560	黄光	420～380	紫光
560～490	绿光		

1.1.3　光影

在自然界中只要有光的存在，无论是天然光还是人工光，在它的照射下，都会存在阴影，产生的效果被称为"光影"效果（见图 1-6）。在空间中由于光影的存在，才能突出物体的外形和深度；有了光环境中的光影变化，物体的体积感及视觉效果才得以丰富（见图 1-7）。

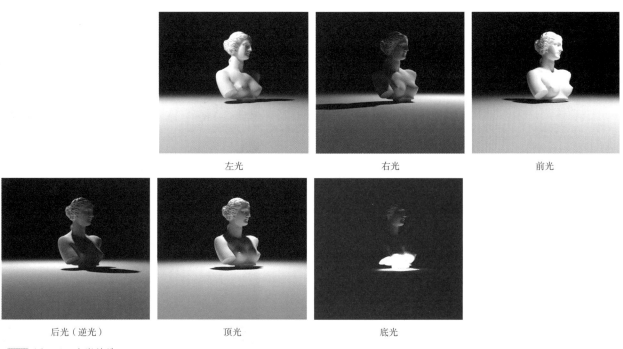

左光　　　　　　　　　　右光　　　　　　　　　　前光

后光（逆光）　　　　　　顶光　　　　　　　　　　底光

▨ 图 1-6　光影效果

▨ 图 1-7　光影效果在中国皮影戏中的体现

1.1.4　光的传播

在透明的物体中，光只能直线传播，这也是几何光学中的基本定律。但光照射在不同的物质上会产生不同的现象，产生反射、曲折、透过、干涉和扩散的作用（见图 1-8）。

1.1.5 眩光

在视野中由于亮度分布不均或范围不适宜，在时间、空间上会存在极端的对比，导致人眼产生不舒适的感觉，或降低观看细部目标的能力，这种现象就称为"眩光"，也是一种光污染。眩光在光环境中是有害因素，应设法控制或避免（见图1-9）。

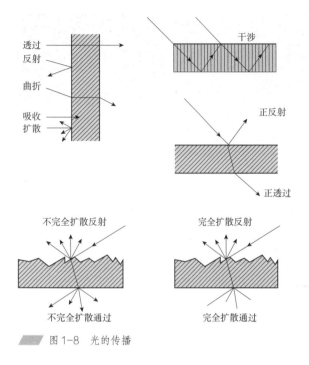

图1-8　光的传播

图1-9　城市眩光

1.2　光的效应

光投射到物质上，因不同的物质通过吸收光能以后会产生不同的光效应。

1.2.1 光的热效应

热效应是光源被物质吸收后转化为热能。在我们周围，绝大部分物质被光源的照射会产生热能，因此，在设计和应用光源装置时必须考虑热效应问题，并采取散热和排热的措施。

1.2.2 光的电效应

电效应是指物质在光的作用下，会发射电子或发生电子迁移的过程，利用光的电效应可以做成光电器件，从而得到节能环保的运用。

1.2.3　光的化学效应

化学效应是指物质吸收光后产生的化学反应。人的视觉过程与光的化学反应有密切关系。另外光对人体的生理作用也与光的化学反应有关，特别是紫外线光对人体的生理作用。因此，人们根据不同工作的场所，必要考虑光源补偿及紫外线的防护措施。

1.3　人工光源（电光源）的用途及分类

通常对人工光源只注意到现代的电照明形式，其实人类在早期使用第一堆篝火的时候就体现出人工照明的最初形态。在漫长的发展过程中，人类又学会了使用火把，这就形成了可移动、更方便的照明形式。随之而来的"烛"灯的发明使用，使人类的照明方式发生了根本的变革。直到 20 世纪 30 年代电的普及，电光源使我们的生活照明更加丰富多彩。

1.3.1　电光源的特性类别

根据电光源的特性可以概括分为两大类：①固体发光源（包括白炽灯、场致发光灯、半导体灯等）；②气体放电光源（包括高压汞灯、金属卤化物灯、高压钠灯、荧光灯、低压钠灯、霓虹灯等）（见图 1-10 和图 1-11）。

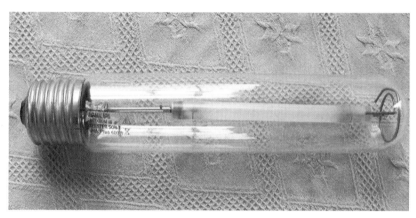

图 1-11　气体放电光源——高压钠灯

图 1-10　固体发光源——白炽灯

1.3.2　电光源的用途及分类

电光源的用途非常广泛，具体依电光源的使用功能分类，主要介绍 5 种类型。

1.3.2.1　白炽灯

白炽灯的用途非常普遍，使用寿命比较短，一般在 1000h 左右。但使用方便、光感、阴影表现材质感比较好，具有调解光线、局部照明、事故照明的优势。适合住宅、饭店、美术馆、博物馆、剧院等（见图 1-12 和图 1-13）。

1.3.2.2　卤钨灯

卤钨灯光源亮度非常高，寿命也比较长，正常情况在 1500 ~ 2000h。使用于照度要求较高、显色性比较好、无振动的场所。如剧场、体育馆、大礼堂、装配加工车间等（见图 1-14）。

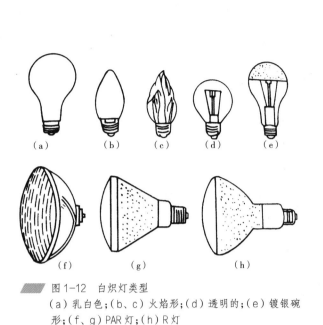

图 1-12 白炽灯类型
(a) 乳白色；(b、c) 火焰形；(d) 透明的；(e) 镀银碗
形；(f、g) PAR 灯；(h) R 灯

图 1-13 白炽灯结构简图

图 1-14 金属卤化物灯

1.3.2.3 荧光灯

荧光灯的寿命非常长，正常情况在 10000h，光源的显色性很好，眩光较小，不宜产生阴影。用于要求照度较高、识别颜色好的场所。如学校、办公室、阅览室、医院、商店等（见图 1-15 和图 1-16）。

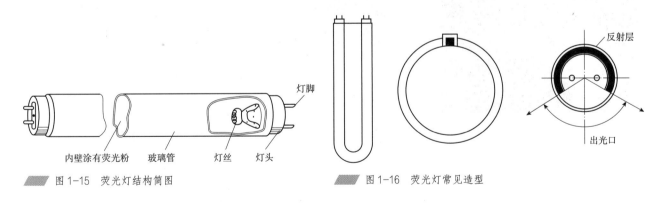

图 1-15 荧光灯结构简图

图 1-16 荧光灯常见造型

1.3.2.4 高压汞灯

高压汞灯又叫高压水银灯，发光效率主要由汞蒸汽来决定，显色性不佳，涂有荧光粉可制成各种颜色，使用寿命很长，正常情况可达 5000h 左右。适合照度要求较高，对光色感有特殊要求的场所。如大中型厂房、仓库、动力站房等（见图 1-17 和图 1-18）。

1.3.2.5 LED 灯（发光二极管）

LED 是电致发光半导体，它光源亮度高，导热性低，使用安全可靠、寿命长，并具有绚丽的色彩、丰富的造型、穿透力强的动感光线，而且非常节能环保，是目前最科学的照明方式之一，由于自身的优势，目前广泛运用

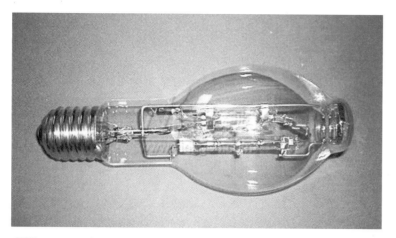

图 1-17　高压汞灯

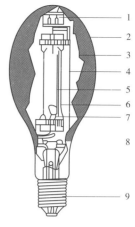

图 1-18　高压荧光汞灯结构简图
1—支撑弹簧；2—卵形硬质玻璃外壳；
3—内荧光粉涂层；4—导线 / 支撑；
5—石英放电管；6—辅助电极；7—主
电极；8—启动电极；9—螺口灯头

在各种空间的光环境设计中。

以上 5 种电光源是人们常见的类型，也是同我们的生活、工作、学习息息相关的（见图 1-19 ~ 图 1-22）。

图 1-19　上海五角场 "彩蛋" LED 灯光效
果图（一）

图 1-20　上海五角场 "彩蛋" LED 灯光效果
图（二）

图 1-21 由 LED 灯组成的 LuminarieDe Cagna 教堂效果图（一）

图 1-22 由 LED 灯组成的 LuminarieDe Cagna 教堂效果图（二）

复 习 题

1. 思考题

（1）观察有自然采光和无自然采光的室内环境的照明情况，指出自然采光和人工照明效果的区别。

（2）从视觉心理学的角度，你是如何认识人对照明设计的需求，从而提升照明设计的新理论概念。

2. 练习题

（1）选择一件玻璃制品、一件金属制品、一件木制品，分别用灯光从上、下、左、右、前、后等方向进行照射，观察不同照射方式下物体的形态特征、质感表现有什么不同，以摄影的方式进行记录。

（2）观察同一个物品在白炽灯、荧光灯、路灯下呈现出的颜色有何不同，并同物体在自然光下的颜色进行比较。

第2章
灯具样式及照明形式

照明灯具是集艺术形式、物理性能及使用功能等多种性能于一身的产物，所以在进行分类时，不可能仅以一种分类形式来概括它们自身所具备的全部特点。可以以灯具的安装方式作为分类的一种，也可以以照明性能和使用功能来进行分类，这对认识灯具及照明形式，同时进行合理的照明设计有很大的帮助。

2.1 照明灯具的分类

灯具造型同光源有着千丝万缕的关系，为了便于学习理解，以下我们把灯具样式、照明方式及照明形式做仔细的比较。

根据灯具的安装形式进行分类，可分为五类：台灯、地灯，吊灯，吸顶灯，壁灯和嵌入式灯具。

2.1.1 台灯、地灯

以某种支撑物来支撑光源，从而形成统一的整体，当运用在台面上时称为台灯，运用在地面上时称为地灯（见图2-1和图2-2）。

图2-1 台灯

图2-2 地灯

台灯、地灯多数情况下都是可以移动的，所以可以根据使用的要求，把台灯、地灯移动到任何需要的地方，这也是这种灯型优于其他灯型的一大特点（见图2-3）。

2.1.2 吊灯

由某种连接物将光源固定于顶棚上的悬挂式照明灯具称为吊灯。

吊灯由于其安装的特点，是悬挂于室内上空的，所以它的照明具有广谱性，能使地面、墙面及顶棚都能得到均匀的照明，因此吊灯在一般情况下，主要用于空间内的平均照明，也称一般照明，特别是在较大房间或大的厅堂内（见图2-4）。

图 2-3 章鱼造型灯

图 2-4 吊灯

2.1.3 吸顶灯

吸顶灯是将照明灯具直接吸附在顶棚上的一种灯具。

吸顶灯在使用功能及特性上基本与吊灯相同，只是形式上有所区别。吸顶灯也同样具有广谱照明性，可作一般照明使用；吸顶灯同样具有重点装饰性的作用。与吊灯不同的是在使用的空间上有所区别，吊灯多用于较高的空间环境中，而吸顶灯则多用于较低的空间中（见图2-5和图2-6）。

图 2-5 吸顶灯（一）

图 2-6　吸顶灯（二）

图 2-7　壁灯

2.1.4　壁灯

安装于墙壁上的灯具称为壁灯（见图 2-7）。

壁灯有以下几个特征。

（1）壁灯具有一定的功能性。如在无法安装其他照明灯具的环境时，就要考虑用壁灯来进行功能性照明，比如楼梯间内无法在顶棚安装灯具，而使用壁灯就能解决照明问题。再比如空间不规则的卫生间，也多采用壁灯进行照明的方法。另外在高大的空间内，吊灯无法使整个空间的每个角落都能得到足够的照明，这时选用壁灯来作为补充照明，就能解决照度不足的问题（见图 2-8）。

（2）壁灯设计得当可以创造出理想的艺术效果。首先壁灯可以通过自身造型产生装饰作用，同时它所产生出的光线也可以起到装饰作用，这是壁灯的装饰性（见图 2-9）。

图 2-8　电视背景墙上的壁灯

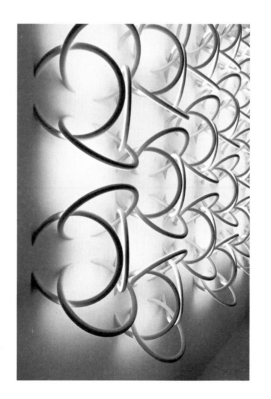

图 2-9　具有装饰性的壁灯

11

2.1.5 嵌入式灯具

嵌入式灯具即嵌入到顶棚内的照明灯具，又称下射式照明灯具。

嵌入式灯具的最大特点就是它能保持建筑装饰的整体统一与完美，不会因为灯具的设置而破坏空间造型艺术设计的完美统一（见图2-10～图2-12）。

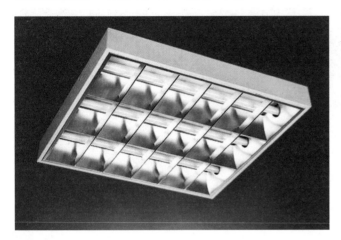

图 2-10 嵌入式灯具（一）

图 2-12 嵌入式灯具（三）

图 2-11 嵌入式灯具（二）

2.2 照明配光方式

照明方式是涵盖技术与艺术综合学科的知识，也是学习光环境设计不可缺少的一项重要环节。

2.2.1 根据灯具的使用方式进行分类

根据灯具的使用方式可以把灯具分为：路灯、探照灯、脚光灯、信号灯、标志灯、指示灯、车灯等。

2.2.2 根据照明配光方式分类

室内不同的光照效果，主要是由于不同造型及材质的灯具对光线的控制而形成的。分析所形成的光照结果，可以把照明形式归纳为以下5种类型（见图2-13）。

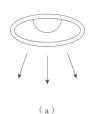  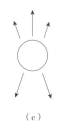 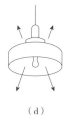 

（a）　　　　　　（b）　　　　　　（c）　　　　　　（d）　　　　　　（e）

图 2-13　照明形式分类图
（a）直接照明，超过 90% 的向下光；（b）间接照明，超过 90% 的向上光；（c）一般的散光照明，上下和旁边相等的光度；（d）半直接照明，60% ~ 90% 的向下光、向上光、旁光、余光；（e）半间接照明，60% ~ 90% 的向下光、向上光、旁光、余光

2.2.2.1　直接照明

光线通过照明灯具射出，其中有 90% ~ 100% 的发射光通量到达假定的工作面上，其照明形式为直接照明。

2.2.2.2　间接照明

照明器的配光是以 10% 以下的发射光通量直接到达假定的工作面上，剩余的发射光通量 90% ~ 100% 通过反射间接地作用于工作面上，这种照明形式为间接照明。

采用间接照明方式，多选用不透光材料来制作灯具。

间接照明方式，是通过反射光来进行照明的，所以工作面得到的光线就比较柔和，其表面照度要比非工作面上的照度低，所以一般情况下，多与其他照明形式结合使用。

2.2.2.3　散光照明

散光照明同一半漫射照明形式类似，是由灯具向四周发射相等的光通量的 40% ~ 60% 部分，直接射到假定工作面上的照明。

2.2.2.4　半直接照明

照明器的配光是以 60% ~ 90% 的发射光通量向下并直接到达假定的工作面上，剩余的发射光通量是向上的，通过反射作用于工作面，这种照明形式叫半直接照明。

半直接照明方式是以对工作面进行直接照明为主要目的，在对工作面照明的同时，对非工作面进行辅助照明。

2.2.2.5　半间接照明

照明器的配光是以 10% ~ 40% 的发射光通量直接到达假定的工作面上，剩余的发射光通量 90% ~ 60% 是向上的，只间接地作用于工作面。

半间接照明的主导照明方向是指向非工作面的，通过反射来对工作面进行照明。

这种照明方式与间接照明方式很接近，效果也很接近，只是工作面上能够得到更多照明，并且没有强烈的明暗对比。

2.3　照明形式

当今的灯光艺术设计不仅要建立在照明技术的基础上，除了利用光源的亮度、照度、色度外，更要运用一些美学艺术手法，营造一个更完美，更舒适，更科学的空间艺术环境。依常规，目前主要采取 3 种照明形式。

2.3.1　基础照明

根据室内空间的功能要求，结合不同的环境、规模、结构特点等条件，再现出空间里的物体基础形状与轮廓。如房间里的吊灯，走廊里的壁灯等（见图 2-14）。

图 2-14　大厅基础照明

2.3.2 重点照明

在特定的环境空间里，为了突出展现某一物体或空间的气氛，必须给予重点照明。重点照明常采用对比的艺术手法，在基础照明的前提下利用亮度对比、形色对比、光影对比，创造出明与暗、强与弱、虚与实的空间艺术气氛。如酒店大堂的水晶吊灯，同时是空间环境的中心点，也是视觉艺术的重点。如商场里的商品采用适当的重点照明，使顾客产生良好的购物心理（见图2-15和图2-16）。

图 2-15　雅姿专卖店商品重点照明（一）

图 2-16　雅姿专卖店商品重点照明（二）

2.3.3 装饰照明

随着人们生活水平的提高和文化艺术的繁荣，人们更加关注装饰灯光照明。装饰照明也称为艺术照明、装饰灯光、灯光艺术、光的构成、光的空间艺术等，无论怎么称呼，装饰灯光照明都是利用光的原理，由普通照明灯光艺术化处理后的产物，它融综合技术及美学为一体，并具有较浓的时代特征。因而装饰照明也提升到一种精神空间的高度，形成了较为独立的技术及艺术门类（见图2-17和图2-18）。

以上所介绍的是传统基本的三大照明形式，当然由于空间的需求，也可以采用综合性照明形式。

图 2-17　休息厅灯光装饰照明的运用

图 2-18　上海金融中心柏悦酒店装饰灯光设计

2.4　照明的其他概念

除以上几种典型照明方式外，还有以下一些概念。

2.4.1　一般照明

设计时不考虑特殊的、局部的照明，而使作业面或室内各表面处于大致均匀照度等级的照明方式，同基础照明概念有点相似（见图2-19）。

▨▨ 图2-19　一般照明

2.4.2　局部照明

局部照明是不特别对周围环境照明，只对工作需要的地方等面积较小，或区域限定的局部进行照明的方式（见图2-20）。

▨▨ 图2-20　局部照明

2.4.3 漫射照明

漫射照明是指光从任何特定的方向并不显著入射到工作面或目标上的照明（见图 2-21 和图 2-22）。

图 2-21 漫射照明（一）

图 2-22 漫射照明（二）

2.4.4 定向照明

定向照明在某种意义上与局部照明有相同之处，只是局部照明主要指工作面上的特征，定向照明指照明器的特征。其定义为光从清楚的方向，且显著入射到工作面或目标上的照明（见图 2-23 和图 2-24）。

图 2-23 定向照明（一）

图 2-24 定向照明（二）

2.4.5 混合照明

混合照明是由一般照明与局部照明所组合而成的照明方式（见图 2-25 和图 2-26 ）。

图 2-25 家居空间混合照明

图 2-26 商场空间混合照明

2.4.6　泛光照明

泛光照明是与重点照明相对的一种照明方式，其照明目的不是针对某一目标，而是更广泛的环境和背景，是一种漫泛间接照明概念（见图2-27）。

图2-27　泛光照明

2.4.7　过渡照明（适应照明）

两个空间的明暗对比较大，超过人们眼睛的明暗适应限度，会引起不舒适的感觉，为了缓解这种现象而增设的照明方式就是过渡照明（见图2-28～图2-30）。

图2-28　过渡照明（一）

图2-29　过渡照明（二）

图 2-30　过渡照明（三）

图 2-31　正常照明

2.4.8　正常照明

正常照明是在正常情况下使用的室内外一般照明方式（见图 2-31）。

2.4.9　应急照明

应急照明是在正常照明因故熄灭的情况下，启用专供维持继续工作、保障安全或人员疏散使用的照明。应急灯具带有蓄电池，当接通外部电源时，电池就充电，如果干线断电，应急灯具就自动地进入运行状态，而当外部电源恢复供电时，电池就恢复到充电状态。一般电池的容量最低能维持灯泡工作的 1 ～ 2h（见图 2-32 和图 2-33）。

图 2-33　消防应急照明灯的运用

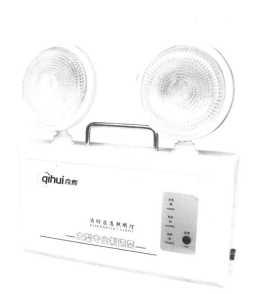

图 2-32　消防应急照明灯的灯型

2.4.10 安全照明

安全照明是在正常和紧急情况下都能提供照明的照明设备及照明灯具（见图2-34）。

图 2-34 巴黎街道照明

2.4.11 景观照明

景观照明是为在夜间能够观赏建筑物的外观、庭园和小景而设置的照明（见图2-35和图2-36）。

图 2-35 景观照明（一）

图 2-36 景观照明（二）

2.4.12 特殊照明

特殊照明是指在一些特殊场所需要装备特殊照明器，以适应该场所的特殊环境要求，如防潮湿、防粉尘、防爆等（见图2-37和图2-38）。

另外还有以下照明形式：造型照明、立体照明、水下照明、舞台照明、道路（交通）照明、事故照明等。

图 2-37　博物馆照明

图 2-38　三星堆博物馆照明

2.5　灯光照明的功能作用

人们对电光源进行了一个多世纪的研究探索，在生活中，电光源已从单纯的功能使用性进化到其他形式无法替代而更为复杂的精神功能作用。

2.5.1　灯光的功能性

2.5.1.1　满足使用功能

室内灯光是保证人们在室内活动正常进行的一种基本功能。室内空间由于尺度不同，功能各异，无论是休闲或工作，也无论是个人还是团体，都必须确保在适当的光线下，才能发挥最高的效率，特别是长期在精力高度集中的工作环境里，更要经过科学的计算，合理地选择光源、高度及照明方式等（见图 2-39 ~ 图 2-41）。

图 2-39 满足使用功能照明

图 2-40 英国 bbc 会议室灯光设计满足了开会时所需要的灯光亮度

图 2-41 英国 bbc 办公区天花吊灯设计满足了办公时所需要的灯光亮度

要满足人们的视觉效应，避免光源的不合理给人带来的伤害。不合理的光源质量会损害人们的生理及心理的健康，人长期在某个光线过暗的空间里活动，身心上容易产生不正常的反应，如疲劳、紧张、压抑、郁闷，甚至会导致视力下降、忧郁症病例。光质过于刺激，采光方式不当，也会对人产生相应影响。如"光污染"、"眩光现象"，不但会造成对活动的干扰，而且也会对心理及情绪造成伤害（上一章节已提到了"眩光"现象）。如图 2-42 和图 2-43 所示。

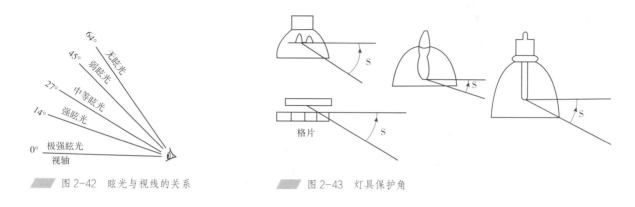

图 2-42 眩光与视线的关系   图 2-43 灯具保护角

现代灯光艺术作为一种特殊的环境组成元素，大大扩展了其实用价值及文化价值内涵。

2.5.1.2 提高精神功能

人们在造物的同时也不断追求精神享受，在这个物质充裕、生活安逸的时代里，人们不仅需要灯光具有照明功能，还要求它同时是美的承担，是精神追求与价值取向的物化载体。可以采取丰富多彩的灯光艺术，使人身心愉悦，满足人的审美情趣，并全面提升生活空间的品质（见图 2-44 和图 2-45）。

图 2-45 北京亮餐厅照明使用温暖色调（二）

图 2-44 北京亮餐厅照明使用温暖色调（一）

2.5.2 科学技术与使用功能

灯光是一项工程技术与艺术完美结合的新型设计方式，也是一种精神功能以及产生视觉环境的美学功能表达。因此要不断要求发现新材料、运用新技术，更要熟练掌握照明的特性，使设计更具有科学技术性。换言之，高科技的光源为高速发展的社会提供有力的技术支撑（见图 2-46 ~ 图 2-49）。

图 2-46 运用科学技术实现人与灯光的互动（一）

图 2-47 运用科学技术实现人与灯光的互动（二）

图 2-48 灯光与水的结合形成水幕电影

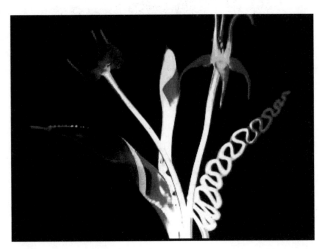

图 2-49 高科技发光体

2.5.3　灯光对人行为的作用

灯光设计必须遵循以人为本的原则。因人的国家、民族、文化背景、职业以及业余爱好与年龄的不同，对室内灯光也会有不同的要求。

2.5.3.1　场所、灯光与人三者的关系

不同的室内空间因功能及人群的不同，应采取相应的照明方式及采光手段，以符合不同环境中人的不同行为的需求。如现代舞厅迎合时代节拍的旋律，采用动感光源，用高科技电子激光灯来制造神秘而活跃的气氛；酒店大堂、宴会大厅，一般采用明亮、华贵的灯具及光源来营造热烈宽敞的氛围。

写字间、办公室等公共场所，首先要求灯光的照度满足和使用要求，同时考虑到办公室场所需要一个宁静局部空间环境的特点；一些大型的营业场所、超市等其照明度要求高；商品摆设处的局部照明光源的显色性要好，使顾客能清晰地看到商品，起到促销产品及激发购买的欲望（见图 2-50 ~ 图 2-55 ）。

图 2-50　舞台灯光设计（一）

图 2-51　舞台灯光设计（二）

图 2-52　篮球场灯光设计

图 2-53　足球场灯光设计

图 2-54　专卖店灯光照明设计（一）

图 2-55　专卖店灯光照明设计（二）

2.5.3.2　向光性对人行为的抑制

向光性是所有生物的本能。对人而言，光有安全感，同时意味着温暖和希望。如果两个相邻的出口，在没有任何一种提示下，一个有光亮，而另一个是一片黑暗，基本上所有人都会选择有光亮的出口，这种行为是人类的一种重要特性。在一个较大的室内空间里和较长的过道走廊，没有任何空间方式，仅用灯光采用点、线、面照明形式，就可以对人形成有效的导向作用，利用向光性形成室内环境里的聚与散、主体和局部的空间区域感（见图 2-56 和图 2-57）。

▨ 图 2-56 人的向光性

▨ 图 2-57 过道尽头的灯光设计

2.5.3.3 私密性与安全感对灯光设计的要求

对安全感的需要也是人的本能之一，室内空间灯光必须兼顾人的这种需求与情感，进行精心设计。通常在各种室内空间中，私密性空间最强的要数个人住所中的卧室与卫生间了。卧室、卫生间灯光的设计，要以营造宁静、温馨、怡人、柔和、舒适、浪漫的气氛为主。照明方式为间接光线，光源选用冷光为宜，避免光源过于强烈与刺激，造成情绪上的不安。也可以采用局部直接照明方式，借助一些造型特异的小品灯来表达舒心安全的私密性空间的目的（见图 2-58 ~ 图 2-60）。

▨ 图 2-58 洗浴中心灯光效果

图 2-59 卫生间照明

图 2-60 卧室灯光效果

复 习 题

1. 思考题

如何理解见光不见灯，在设计手法上如何能达到此项效果？

2. 练习题

（1）带有创意主题并用快速表现的手法勾画出三套吊灯、吸顶灯、壁灯、落地灯或台灯示意草图。

（2）带有创意主题并用快速表现手法勾画出三套室外用灯，如路灯、庭院灯、草坪灯、地灯和灯光小品等。

（3）节能环保灯饰小发明设计。

第3章
灯光的艺术再创造

由于科技的不断发展，新光源的技术和材料的运用，照明艺术处理技术日渐增多，为我们提供了更加丰富多彩的灯光艺术设计表现手段。

灯光表现力是创造灯光艺术的重要因素，如光的相互融合渗透，产生了光与色的图形和色彩，强调了光环境艺术的感染力。在利用光的特性上，不仅要用对比、和谐、节奏、均衡等美学法则，更注重科学技术与环境艺术的相互依存，相互融合的统一，随着新的艺术表现形式不断增加，极大地丰富了光的艺术表现形式，如光的流动、光的绘画、光的构成、光的空间效果，以及利用静、动、声、色的规律来体现强烈刺激的视觉效果和独特的艺术空间氛围。

3.1 光与色的艺术效果

从科技的角度来说，光本身并没有颜色，受到照度、色温和其他环境的影响而具备了显色性，呈现出物质表面的各种颜色、质感、量感和体积。

3.1.1 灯光与色彩

空间中各物体表面的色彩效果是通过光源现显示出来的，因而光和色彩有着非常密切的联系。光影、光色和物体固有色的相互配合共同构成色彩效果。因此，物体在不同的光照射下，外观会产生细微变化的色彩层次，而这种变化是由于光源不同的光谱分布造成的。以下针对光与色的概念作一介绍。

3.1.1.1 色相
色相是指色光的波长与频率，只含有唯一波长的光是单色光，其颜色称为光谱色。光的波长不同，则它的颜色色相也就不同。

3.1.1.2 明度
明度是指光波强度的反射程度，色相受到光强弱的影响所产生的明度变化。

3.1.1.3 彩度
彩度是指物体反射光波频率的纯净程度。反射波长范围愈窄说明颜色愈纯，彩度愈高。

3.1.1.4 光混
光混是指光与色的混合。光色的混合原理不同于颜色的混合原理。颜色的混合为减光混合，色彩混合的次数越多，色彩的饱和度越灰暗。而光色的混合则相反，为加光混合，色光混合的数量越多，色光的亮度就越高。如红、黄、蓝三原色相混合呈黑，而光色三原色相混合则更加明亮（见图 3-1）。因此，要增强室内环境的色调，在选择环境色彩材质的同时，也要充分考虑到光源色重要元素（见图 3-2）。

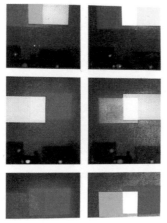

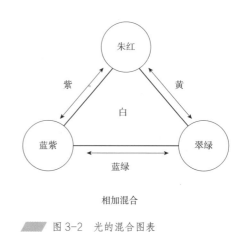

图 3-2　光的混合图表

图 3-1　颜色光的混合

3.1.1.5　显色性

显色性是指物体的显色指数，是受到光源对物体或环境色彩的影响作用。当显色指数在 90 ~ 100 范围内时，显示物体的颜色是比较理想的，符号为 Ra。显色性最大的指数为 100Ra。小于 50 为显色性较差的。因此，照明灯光的不同决定了其显色性的差异，所以在特定的场所，对颜色有特殊要求，光源的显色性特别重要，必须慎重选择适应的光源（见表 3-1）。

表 3-1　　　　　　　　　　　　　　　　　光源的色光和效果

主光源	色温 T（K）	光色	气氛效果
荧光灯	7500	蓝白色的凉感	轻松愉快
白色荧光灯	300 ~ 5000	中间（白色）	欢乐
白炽灯	< 3000	橙黄色的温暖感	热烈稳定

3.1.1.6　色温

色温是指一个光源的颜色与完全辐射体在某一温度下发出的光色相同的、完全辐射的温度（光色），用符号 T 表示。例如在暖色调的灯光（如白炽灯）下，较低的照度有舒适的感觉，而在冷色调的灯光（如荧光灯）下，要较高照度才有舒适感。光色的色温及冷暖来造成高、低、远、近的距离感；运用光的色光混合演绎室内的色彩，制造难以捕捉的神秘；运用光的明暗闪烁、色彩变幻、强弱摇曳烘托出如痴、如狂、亦真、亦幻的境界。光的丰富表现力及魅力，已成为现代艺术照明追求的主要目标（见表 3-2）。

表 3-2　　　　　　　　　　　　　　　光源、色温、显色性关系

光源名称	相关色温 T（K）	显色指数 Ra
白炽灯（500W）	2900	95 ~ 100
荧光灯（日光灯 40W）	6600	70 ~ 80
荧光高压汞灯（400W）	5500	30 ~ 40
镝灯（1000W）	4300	85 ~ 95
高压钠灯（400W）	2000	20 ~ 25

通常情况下，鲜艳、饱和、照度充足的彩光会带来健康、明亮、璀璨、瑰丽的效果，而光色不纯或照度不足的彩光则会造成不同程度的负面效果，譬如微弱的黄光会散发昏暗、暧昧的气息；暗淡的红光会渲染压抑、恐怖

的气氛；幽暗的蓝绿光则会造成阴森、诡秘的效果等（见图 3-3）。

总之，光与色结合时最容易体现艺术效果。无论是在室内和室外光环境设计中，常常被作为首选的设计手法，因为它最能引起人的视觉注意力，也是最能体现空间艺术氛围的（见图 3-4 和图 3-5）。

图 3-3　溶洞中的色彩灯光效果

图 3-4　灯光色彩活跃空间气氛（一）

图 3-5　灯光色彩活跃空间气氛（二）

3.1.2　灯光与材料

光照射在不同材料上会产生不同的现象，从而产生了不同的表面材质感。利用这些材料性质的不同，可以创造出光和材料相互作用而产生综合艺术效果。表面光滑的材料具有较强的反光作用，如玻璃、镜面、抛光的金属、大理石等（见图 3-6）。表面粗糙的材料会产生许多细微的阴影部分，这些阴影显出其凹凸起伏，如石材、木头、砖块、皮毛、纺织、地毯等（见图 3-7 和图 3-8）。

图3-6 透过不同颜色的半透明玻璃形成光的不同色相

图3-7 木材与灯光的效果

图3-8 石材与灯光的效果

（1）材料质地和表面肌理是设计光造型艺术的重要因素之一。表面光滑的材料受直接光照射时，表面会显示出光泽，给人以强烈的刺激；表面没有光泽的材料受漫射光照射时，由于光射到表面上没有方向，表面产生柔和的感觉；透明材料受直接光照射时，光线能透过材料产生透射光，透射系数不同而产生的透射光也就不同。材料表面固有色的不同对光的显色性有很大的影响，光的强弱变化也直接影响物体的呈色。另外，光源色的色温、色相、冷暖对物体的表面色亦有较大的抑制性（见图3-9～图3-11）。

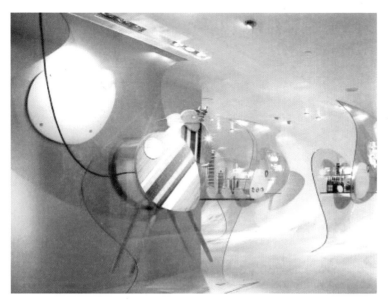

图 3-9 透明玻璃与灯光的效果

图 3-11 芦苇秆与灯光形成的艺术效果

图 3-10 不锈钢与灯光的艺术效果

（2）材料结构起伏变化会形成阴影，受光面与背光面逐渐转化出细微起伏的结构变化。根据这些光影变化，物体呈现了空间立体感，这些空间轮廓与光的方向、强弱、明暗产生了造型变化。光在充满了空间时，有助于视觉器官获得可见度，可以在空间中清晰地显现出人或物体的造型，利用光和阴影的对比增强其人或物体在空间中的表现力，并建立空间表现的构成秩序，完善空间结构比例，起到明确空间的导向作用（见图 3-12 ～图 3-15）。

图 3-12 材质结构起伏形成的灯光艺术效果

图 3-13 结构的变化使空间更有层次和节奏感

图 3-14 有秩序变化的材料结构与灯光的融合增强了空间感染力

图 3-15 灯光与材质结构形成的艺术效果

　　艺术照明的目的就是借助光与材质的特点，利用不同光源、照明器具及照明方式在特定的空间里，运用形态、色彩、构成及设计元素等创造出一个新的视觉环境。

3.2　光的艺术特性

　　在室内空间中，利用灯光可以创造出丰富变化虚拟的空间效果。由于光充满了空间，有助于我们视觉器官获得可见度，可以在空间中显示出人或物的造型，并且利用光和阴影的对比丰富其人、物体在空间中的表现力；利用光源的形状、大小、位置、方向体现出物体的表现形态及轮廓立体感。

3.2.1　光的造型

3.2.1.1　点光照明

点光是指投光范围小而集中的光源。它的光照明度强，大多用于餐厅、卧室、书房，以及橱窗、舞台等场所的直接照明或重点照明。点光表现手法多样，有顶光、底光、顺光、逆光、侧光等（见图 3-16 和图 3-17 ）。

图 3-16　自然中的萤火虫

图 3-17　酒吧中点光的运用

（1）顶光。自上而下的照明，类似夏日正午日光直射。光照物体投影小，明暗对比强，不宜用作造型光（见图 3-18 ）。

（2）底光。自下而上的照明，宜作辅助配光（见图 3-19 ）。

图 3-18　新加坡一餐厅中顶光的运用

图 3-19　夜景观的底光运用

（3）顺光。来自正前方的照明，投影平淡，光照物体色彩显现完全，但立体感较差（见图3-20）。

（4）逆光。来自正后方的照明，光照物体的外轮廓分明，可获得具有艺术魅力的剪影效果，是摄影艺术和舞台天幕中常用的配光方式（见图3-21）。

图3-20 舞台灯光中的顺光

图3-21 三种不同颜色的灯根据人的动作形成的逆光效果

（5）侧光。光线自左右及左上、右上、左下、右下方向的照射，光照物体投影明确，立体感较强，层次丰富，是人们最容易接受的光照方式（见图3-22）。

图3-22 景观中侧光的运用

3.2.1.2 带光照明

所谓带光是将光源布置成长条形的光带。其表现形式变化多样，有方形、格子形、条形、条格形、环形（圆环形、椭圆形）、三角形以及其他多边形。如周边平面型光带吊顶、周边凹入型光带吊顶、内框型光带吊顶、内框凹入型光带吊顶、周边光带地板、内框光带地板、环型光带地板、上投光槽、天花凹光槽、地脚凹光槽等都属于带光表现。其中长条形光带具有一定的导向性，常常在人流众多的公共场所环境设计中被用作导向照明，其他几何光带一般作装饰之用（见图 3-23 ~ 图 3-25 ）。

图 3-23　IBM 执行简报中心中弧形的带光表现形式

图 3-24　直线带光表现形式

图 3-25　天花中具有节奏和韵律的线光运用

3.2.1.3　面光照明

面光是指由室内顶棚、墙面和地面所构成的发光面。顶棚补灯的特点是光照均匀，光线充足，形成多种多样的面块形式。如用日光灯，光线密度均匀一致，使得每个空间都会光线充足。另一顶棚上结合梁架结构，设计成一个个光井，光线从井格中射出，就可创造出别具一格的块面空间效果。墙面光一般为图片展览所使用，把墙面做成中空双层夹墙，面向展示的一面墙做成发光墙面，其中嵌有若干个玻璃框，框后设置投光装置，我们经常看到的大型灯箱广告也属于此类照明（见图3-26和图3-27）。

图3-26　屋顶造型与自然光形成的面光

图3-27　教堂面光的设计使空间增添了神秘感

地面光是将地面做成发光地板，通常在舞池里设置多彩的发光地板，其光影和色彩伴随着电子音响的节奏而同步变化，大大增强了舞台表演的艺术氛围（图3-28和图3-29）。

图3-28　发光地板

图3-29　LED发光地板

3.2.1.4　立体光照明

长期以来，光的立体感常常被人们忽视，单从技术的角度上来分析，光只具有方向性，无法形成复杂的造型立体感。但光通过材料的特性而形成了各种各样的造型，并显示出三维立体所表达的空间体积感。这种立体光的体现主要有2种形式：①光的立体形，也就是光从内发出光体感，灯具就属于此种类型；②光是通过材料反射而形成了框架立体感，这种类型表现形式比较多样，如大型组合灯饰等（见图3-30～图3-34）。

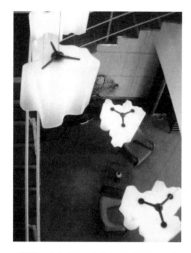

图 3-30　立体灯饰照明（一）

图 3-31　立体灯饰照明（二）

图 3-32　三维立体光照明

图 3-33　舞台 LED 屏的立体灯光造型（一）

图 3-34　舞台 LED 屏的立体灯光造型（二）

在特定的空间中只要有光的存在，物质的光影效果就会存在，当光照射到物体上，不但有受光面和背光面变化，而且形成物体的阴影，使物体呈现立体感。

如在室内空间里有悬挂的灯具和摆放的陈设，在灯光的照射下创造出不同的光影色彩和体积效果。把灯光放在室内空间的隐蔽处，创造出富有层次变化的结构造型。具体有 3 种形式：①光影的造型；②结构的造型；③光源的造型（见图 3-35 ~ 图 3-40）。

图 3-35　光影的造型（一）

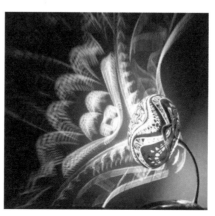

图 3-36　光影的造型（二）

图 3-37　光影的造型（三）

图 3-38　结构的造型（一）

图 3-40　光源的造型

图 3-39　结构的造型（二）

3.2.2　光的雕塑

由灯具或发光体从内部或是指从外部利用光的照射形成了光源的立体感，这种体积自然形成了光的雕塑。

光的雕塑一般是采用透明或半透明材质进行立体塑造的，但有些是利用反光材质而形成的。常用的材料，如玻璃、水晶、塑料、纸、皮（植物、兽皮等）、金属和合成的材质等。利用照明特性，使材质发光、变色，通过透射、折射、漫射、反射等多种原理而产生多变的光的雕塑造型。这种雕塑体可以是单体形、复合形和组合形。如图 3-41 ~ 图 3-43 所示，使用空间位置的不同可采用悬挂式和落地式形成三维立体雕塑体；可在壁面、天花形成半浮雕塑体，多种多样，绚丽多彩。

图 3-41　以"纸"为元素的灯光雕塑作品

图 3-42　水晶吊灯形成了三维立体的雕塑体（一）

图 3-43　水晶吊灯形成了三维立体的雕塑体（二）

3.2.3　灯光绘画

灯光绘画主要有 3 种形式：①利用背景材料上作出图案，通过光源的照射形成花纹图像。一般采用材质是薄金属板、塑料、复合板等作为遮挡材料，另外选用一些磨砂、喷砂及工艺半透明玻璃等，并采用刻花、雕花、贴花等工艺通过灯光的照射形成了透明、半透明及色形变化的绘画图形而这种形式属于比较传统的技法；②霓虹灯绘画；③高科技电子激光绘画等（见图 3-44 ~ 图 3-52）。

图 3-44　利用投影机在地板上作画

图 3-45　通过材料的反射与折射形成的绘画装饰效果

图 3-46　灯光透过艺术玻璃形成的绘画图形

图 3-47　霓虹灯绘画

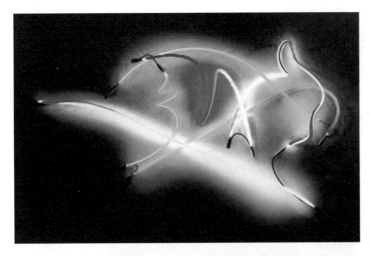

图 3-48　霓虹灯管

图 3-49　日本摄影师所拍的激光绘画（一）

图 3-50　日本摄影师所拍的激光绘画（二）

图 3-51　日本摄影师所拍的激光绘画（三）

图 3-52　日本摄影师所拍的激光绘画（四）

3.3　灯光与空间环境

灯光在室内造型中起着独特的其他要素所不可替代的作用。它能修饰形与色，使本来简单的造型变得丰富，并在很大程度上影响和改变人们对形与色的视感；它还能为空间带来生命力、创造环境气氛等。

3.3.1　创造艺术气氛

光的亮度和色彩是决定气氛的主要因素。我们知道光的刺激能影响人的情绪，一般说来，亮的房间比暗的房间更为刺激醒目，但是这种刺激必须和空间所应具有的气氛相适应。只求得室内灯火通明，而不注意光的质量，毫无意境和情调，也是一个不成功的室内照明设计，对室内空间造型无疑也是一个很大的损失（见图 3-53）。

▨▨ 图 3-53　过亮的空间使得卧室缺少了意境和情调

　　室内的气氛也由不同的光色而改变，它对空间的形状、大小、轮廓、细部、材料的肌理、色彩、相互关系产生视觉变化。柔和的色调给女孩房增添了温馨感又不失艺术性（见图 3-54 ~ 图 3-57）。许多餐厅、咖啡馆和娱乐场所，常常用加重暖色如粉红色、浅紫色，使整个空间具有温暖、欢乐活泼的气氛。暖色光使人的皮肤、面容显得更健康、更美丽动人。由于光色的加强，光的色相对亮度相应减弱，使空间色调柔和统一并感觉亲切。家庭的卧室也常常因采用暖色光而显得更加温暖和睦。但冷色光也有许多用处，特别在夏季，青、绿色的光就使人感觉凉爽。应根据不同的气候、环境和空间功能的要求来确定。强烈的多彩照明，如霓虹灯、各色 LED、聚光灯，可以把室内的气氛活跃生动起来，增加繁华热闹的节日气氛（见图 3-58）。

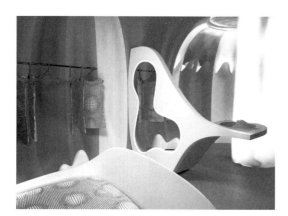

▨▨ 图 3-54　女孩房（一）

▨▨ 图 3-55　女孩房（二）

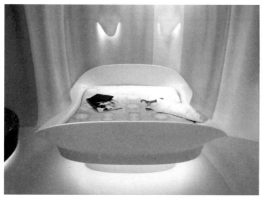

▨▨ 图 3-56　女孩房（三）

▨▨ 图 3-57　女孩房（四）

　图 3-58　丰富多彩的灯光色彩

3.3.2　增加空间感

　　空间的不同效果，可以通过光的作用充分表现出来。实验证明，室内空间的开敞性与光的亮度成正比，亮的房间感觉要大一点，暗的房间感觉要小一点，充满房间的无形的漫射光，也使空间有无限的充实感，而直接光能加强物体的阴影，光影相对比较强，能加强空间的立体感和空间感（见图 3-59 和图 3-60）。

　图 3-59　地脚线采用光带起到扩充空间感作用

　图 3-60　天花采用大面积灯带及灯块也起到
　　　扩展空间作用

　　光还可以分割空间，创造出虚拟变幻的空间区域，也许这种分割的限定性并不强，但它便利灵活，能改变人们的心理空间，这种空间相互联系、相互渗透、可大可小、可虚可实。对于光的强弱具有节奏感，光强的部位视感清楚，而弱的部位模糊，这与距离的远近变化视感相似，故空间就有了深度感、层次感、起伏感，这些光影变化也起到一定的空间导向作用（见图 3-61 和图 3-62）。

图 3-62　灯光起到分割空间的作用

图 3-61　三盏白色吊灯和下面的白色灯
光带起到虚拟的分割空间作用

长短高低不一，但排列方向一致的线灯组合，使空间看起来更活跃又不失秩序感（见图 3-63 和图 3-64）。

图 3-63　线灯组合（一）

图 3-64　线灯组合（二）

另外，光的方向性能增强空间中可见度，因此改变了空间的视觉尺度。光的明与暗、强与弱，直接影响物体的造型轮廓以及视觉空间感。总之，光的量度、光的方向性及强弱变化，决定空间虚拟尺度和物体轮廓及颜色的显色性。意大利艺术家 Carlo Bernardini 以线性的光纤分割空间，增加了空间的虚拟及艺术感（见图 3-65 和图 3-66）。

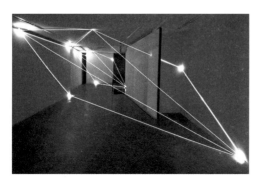

图 3-65　光纤分割空间（一）

图 3-66　光纤分割空间（二）

3.3.3 体现空间个性

光对空间个性烘托环境主题起到积极的重要作用，如在室内照明设计中，用成片式的、交错式的、井格式的、带状式、放射式、围绕中心重点式布置的等，协调空间造型，突出空间的个性，展现空间环境气氛（见图3-67和图3-68）。

▰ 图3-67 光与空间结构的结合（一）

▰ 图3-68 光与空间结构的结合（二）

光能表现室内构成物的空间形的特征，这里的形不仅包括其整体形状、空间结构特点，还包括其表面材质的肌理等。如果没有适当的光，空间内部立体感显示不充分，空间结构特点、材质的肌理感也同样不能达到理想的效果。至于材料的材质肌理的体现，则更要借助于光的作用，任何造型明暗变化都产生出一种视觉质感：强光、层次、反射和阴影等所有这一切都是和质感有关的因素，这些因素也是体现空间个性的鲜明特点。

光既可以是无形的也可以是有形的，光源可隐藏，灯具却可暴露，有形、无形都是艺术，展现个性，表现空间环境。可采用重点照明的形式和灯具造型来加强空间特点，使其空间主体更加突出、夺目，如室内门厅、大堂、电梯间等。充分利用灯光的造型和艺术效果的表现力，采用直接、间接照明的形式，使室内空间造成不同的光影艺术，来美化室内环境，突出主题思想、丰富空间内涵、展示艺术个性。多彩的LED灯装饰了餐饮空间，烘托了空间的艺术性（见图3-69～图3-72）。

▰ 图3-69 LED灯装饰的餐饮空间（一）

▰ 图3-70 LED灯装饰的餐饮空间（二）

■ 图 3-71　LED 灯装饰的餐饮空间（三）

■ 图 3-72　LED 灯装饰的餐饮空间（四）

3.3.4　突出空间主题

因为人的视线往往被较亮的物体所吸引，所以设计中常将视觉重点用较强的光来照射，使其更加突出、醒目。如建筑的入口处、标志、重点装饰、重点部位等，并利用反差将不想让人注意的部分放在暗处，从而在视感上忽略，达到去芜存菁、强调主题的作用。例如许多天花板上暴露的管道，一方面涂以暗色油漆饰面；另一方面用高反差的灯光处理，使人不去注意或不仔细看辨别不出，既造成了使用上的方便及经济上的优点，又不致影响外观。总之，在序列空间中，如果加上光的效果，则空间主题效果更为显著突出（见图 3-73 ～图 3-75）。

■ 图 3-73　温馨祥和的氛围营造空间的主题

■ 图 3-74　冷峻的灯光与不锈钢材料的结合（一）

■ 图 3-75　冷峻的灯光与不锈钢材料的结合（二）

3.4 光的文化内涵

光文化是"光"与"文化"的巧妙结合，是通过照明手段，用光与影、光与色将地域人文景观和自然景观进行装扮，并赋予光的文化内涵，展现时代风采，体现光的个性魅力。

3.4.1 联想·寓意

毫不夸张地说，没有想象，一件艺术作品就不可能获得永恒的生命力和感染力，因此装饰照明的设计第一要从联想和寓意方面入手。这种概念设计要把时代作为背景，针对设计的主题，在类型、手法、思想内涵、形式美感和光色的表现等方面充分展开想象的翅膀，遨游于无限的艺术世界之中，发挥主观设计思维能力，将艺术与科学融为一体。没有想象力，就不可能有永恒的生命力和感染力。联想和寓意是记忆想象、创新思维理念的升华，是富于艺术及文化内涵的价值体现（见图3-76～图3-80）。

■ 图3-76 灯光凸显建筑物结构让人联想到鲸鱼的造型

■ 图3-77 带有花纹的灯罩让人联想到一群跳舞的姑娘

■ 图3-78 灯饰让人联想到自然当中的花卉

■ 图3-79 2011"创意点亮北京"灯光作品——《吸收》（一）

■ 图3-80 2011"创意点亮北京"灯光作品——《吸收》（二）

3.4.2　民族·个性

　　个性是艺术生命力的真正源泉，在设计的精神理念当中，设计的风格、内涵、手法等诸多方面强调与众不同，不盲从，不落窠臼，强调独辟蹊径的个性设计。没有新意，就谈不上艺术个性和艺术创造，更谈不上对审美的感受以及精神上的感悟。但这种感悟并不是空穴来风，它必须以文化口味、地方风格、民族特色为其牢固的根基。鲁迅先生说：只有民族的才是世界的。因此，只有与民族灵魂一起呼吸的东西，才能成为最具独特魅力的艺术作品。只有融合了民族艺术特征的东西，才能经得起时间的考验。然而，民族性与时代性是一对矛盾与对立的统一，如何解决两者之间的关系，找到一个合适的支点，一直是设计者们苦苦探索的问题。如 2011 年法国里昂国际灯节，体现法国特有的一种浪漫情怀（见图 3-81）；中国正月十五元宵节灯光秀体现中国风（见图 3-82）。

图 3-81　法国里昂灯光作品

图 3-82　元宵节灯光作品

3.4.3　时代·创新

设计创意是时代赋予它的使命，也是时代发展的产物，没有时代气息的作品不可能有永恒的生命力和艺术感染力。

要创造出优秀的装饰灯光景观设计作品，应以时代作为大的背景，围绕主题时空，多角度、多途径、多层次、跨学科地进行全方位的研究，从广泛的宏观世界到神秘的微观空间；从东方与西方的文化交流到传统理念与现代意识的创新；从地域文化到民族特色，赋予它艺术新意和时代气息，将视觉艺术领域的物质世界提升到一个高度的精神世界（见图 3-83 和图 3-84）。

图 3-83　民族特色与时代气息相融合的餐饮空间效果（一）

图 3-84 民族特色与时代气息相融合的餐饮空间效果（二）

追溯历史文明的演变轨道，我们可以体味到不同时代的设计都包蕴着一个时代的气质和文化内涵。人们对光的渴望与追求不仅仅停留在实用功能的层面上，早在中世纪的欧洲巴洛克时期，彩色的火把和烟火已成为塑造宫殿辉煌环境气氛的工具；到如今，灯光夜景在夜间的功能更是得到了极大程度的强化，内涵丰富，并给人以视觉冲击的灯光景观，五光十色的霓虹灯和 LED，无不体现出灯光艺术的精神品质，展示时代特征的气息（见图 3-85）。

图 3-85 灯光与苔藓装饰营造了空间的艺术感染力

复 习 题

1. 思考题

（1）正确理解并简要阐明"恒常现象"、"后像"映像。

（2）视觉特性和照明生理的研究及运用。

2. 练习题

国内外当代光环境艺术设计的调研报告（用 PPT 形式表现）。

第4章
室内光环境艺术设计要点

在现代光环境艺术设计中，为了满足人们的物质与文化要求，还要致力于利用光的表现力对室内空间或特定场所进行艺术创造，以增加空间或物体的表现力，需要从多种方面考虑设计因素，把握光环境艺术设计的关键所在。

4.1　室内光环境设计原则

室内光环境设计一切要围绕着适应性为基础，以"以人为本、绿色设计"概念为原则，设计必须符合功能的要求，根据不同的空间，不同的概念，不同的对象选择不同的照明方式和灯具，并保证恰当的照度和亮度。运用现代新科学技术，以及完美的美学手法，提升室内空间的艺术氛围。另外还要遵守节能环保的设计原则，重视资源电力的消耗，避免能源浪费和经济上的损失。要考虑电源及照明设备的安全可靠性原则，严格采取防触电、防短路等安全措施，以避免意外事故的发生。与此同时还提倡大量利用自然光的原则。总之，光环境设计要同室内空间形式相辅相成，要同室内各种构成元素相适应，充分发挥灯光的特性，把我们的生活空间照得更加丰富多彩。简言之，归纳有以下5种原则：①功能性原则；②美观性原则；③经济性原则；④安全性原则；⑤环保性原则。

4.2　室内光环境设计主要内容及方法

室内空间，虽然缺少阳光的眷顾，却拥有灯光的率意挥洒，灯光可以说与室内环境是相伴而生的。从原始洞穴中的简陋火把到现代建筑中的华丽灯饰，灯光的每一步发展与变革，都与人们的室内环境需求密不可分。人类生活，如工作、学习、娱乐、购物、就餐、休息等的绝大部分时间都是在室内度过，不同的使用功能需要不同的灯光环境，而室内灯光是否与使用功能相适应，是否满足照明要求，是否能给人舒适的感觉，都直接影响着室内空间的质量，影响着人们的工作与生活。

由于室内光环境内容丰富，形式及构成因素众多，在此不能一一展开地介绍，只有从4种典型室内空间形式谈一谈要点。

4.2.1　居住空间照明

居住环境是人们多种活动集中的空间环境，人们在此空间内要休闲、娱乐，又要工作学习，所以照明设计要根据不同的活动要求，不同家庭的生活状况、家庭成员、生活习惯、职业、性格、民族、爱好及空间范围、装修风格、家具布置等因素，进行合理、平衡照明亮度分布和环境气氛的营造（见表 4-1）。

表 4-1　　　　　　　　　　　　　　环 境 和 照 度 标 准

环境名称	我国照度标准（lx）	日本工业标准 Z9110[①]（lx）	常用光源
客厅	30 ～ 50	30 ～ 75	白炽灯、荧光灯
卧室	20 ～ 50	10 ～ 30	白炽灯
书房	75 ～ 150	50 ～ 100	荧光灯
儿童房	30 ～ 50	75 ～ 150	白炽灯、荧光灯
厨房	20 ～ 50	50 ～ 100	白炽灯
厕所、浴室	10 ～ 20	50 ～ 100	
楼梯间	5 ～ 15	30 ～ 75	

① 　日本工业标准 Z9110 照度值为一般照明的照度值，卧室、书房、儿童室用于读书、学习、化妆的局部照明的照度分别为 300 ～ 750lx、500 ～ 1000lx、500 ～ 1000lx。

重点考虑如下几点。

1. 保持空间各个部分的亮度平衡

厨房在生活的比喻中，一直有"锅碗瓢盆"奏鸣曲的美名。而如何让这首曲子奏得欢畅，首先要保证有足够的亮度，尤其是在操作区不能有阴影和眩光，这关系到您在挥洒刀功的同时，不会伤害到手指。为了满足亮度的均衡以及为了防止不会产生阴影，特意在橱柜下安装了灯具来达到照明的适应性（见图 4-1）。

其次，厨房里经常需要煎炸烹煮，油烟等物自然是少不了的，所以在选择灯具的时候，也要选择密封性好、易于清洁且耐腐蚀的产品。好的灯具不仅节能，而且光色健康，让人舒适，保护视力。

敞开式的餐厅与厨房设计，对照明的亮度要求同样要均衡适当。在厨房区域有比较充足的光线，同时在就餐区域采用重点照明，且以暖色光为主，确保了良好的就餐环境（见图 4-2）。

图 4-1　橱柜下安装照明

图 4-2　厨房照明

起居室根据空间的需求，也要合理配置各种照明形式，体现各角度亮度平衡。在客厅中的楼梯口和过道处设置灯光，使得各空间亮度达到均衡，既满足了视觉上的需求，又保证了行走的安全（见图4-3）。

2. 满足使用功能上的要求

居住空间会客区的照明不宜满室灯火通明，一扫温馨优雅的气氛。起居室的重点照明应该是放置沙发区域，不仅为满足客厅的使用性，同时也创造了空间的层次，给客厅创造了舒适而又活跃的气氛。图4-4中洽谈区采用重点照明，为空间创造了气氛。洽谈周围用嵌顶灯，作为基础照明，当迎送客人时最能显出其优势。

图4-3　起居室照明

图4-4　客厅照明

适应性照明方式满足书房的功能性需求，明亮的光线可以改变大脑的内部时钟，控制睡眠。长时间在灯光下工作与学习，更要重视光源的选用。优质的光源可以达到和自然光同样的效果。如果灯光亮度不均衡，光度对比太强烈，人们就会感到眩光，使人很不舒服，严重的还会损害视觉功能。书房采用的优质灯光，来模拟日光效果，使人在最大程度上感到舒适（见图4-5）。灯光柔和而自然，并达到了一定的亮度需求，起到恰到好处的作用（见图4-6）。

图 4-6　书房照明（二）

图 4-5　书房照明（一）

3. 灯饰装饰提升空间的主题风格

装饰吊灯在空间是视觉的中心点，更能引人注目。因此吊灯的风格直接影响整个客厅的风格。带金属装饰件和水晶、玻璃装饰的欧陆风情的吊灯，具有富丽堂皇之感（见图 4-7）。木制的中国宫灯与日本和式灯具富有东方民俗气质，以不同颜色玻璃罩合成的吊灯美观大方使人陶醉。珠帘灯饰给人以透明、耀眼、华丽的感觉。而以飘柔的布、绸制成的灯饰给人清丽怡人、柔和温馨的感觉。灯笼造型灯具，没有玻璃的高贵感，没有金属的厚重感，但彰显着自己独特的个性和文化气息，暖暖的黄光照亮空间，让人感觉那么的温馨与亲切，给空间带来了一*丝丝*温意（见图 4-8）。

图 4-7　水晶吊灯

图 4-8　灯笼造型灯具

　　客厅照明设计要根据客厅的风格及空间分割而确定。一般来讲多采用综合照明手法，如沙发边缘要重点照明，以及侧灯、台灯和落地灯等；装饰墙常用侧灯槽及射灯；天花板根据造型特点常采用灯槽、灯带、点灯和大型吊灯。灯饰的选用也能够增加客厅的时尚感、立体感和优雅感，让您的客厅充满戏剧性色彩。图4-9中的客厅照明方式所采用的是多种灯具混合照明，虽然没有华丽的灯具，但以这种"简约"的设计理念充分体现了现代时尚气息。

图4-9　客厅多种灯具混合照明

4. 灯光色彩营造空间环境

　　灯光除了要考虑功能性的灯具，如天花灯、壁灯、床头灯等，为了营造环境，光与色的运用也是非常重要的（见图4-10 ～图4-12）。

图4-10　红色光营造了卧房浪漫的空间环境

图4-12　暖黄色灯光氛围使空间显得温馨怡人

图4-11　绿色光让空间看起来更加清新自然

4.2.2　办公空间照明

办公空间是进行工作，其中包括读书、写字、交谈、思考、计算机操作等的运用操作场所。因此照明设计首先应该为工作人员提供一个良好的照明工作环境，具体要求包括合适的照度、明亮的环境，满足要求的前提下要尽量做到绿色节能（见表 4-2 和表 4-3）。

表 4-2　　　　　　　　　　　　　办公室照明的推荐照度

场所	照度（lx）
一般办公室（正常）	500 ~ 750
纵深平面	750 ~ 1000
个人专用办公室	500 ~ 750
会议室	300 ~ 500
绘图室（一般）	500 ~ 750
绘图板	750 ~ 1000

表 4-3　　　　　　　　　　　　　办公建筑照明功率密度限制值

房间或场所	照明功率密度（W/m²）		对应照度值（lx）
	现行值	目标值	
普通办公室	11	9	300
高档办公室、设计室	18	15	500
会议室	11	9	300
营业厅	13	11	300
文件整理、复印、发行室	11	9	300
档案室	8	7	200

办公室间照明的要求具体有以下几点。

1. 合理科学的照度要求

办公室照明采用光源内嵌式灯具，避免办公时眼睛直接看到光源，对视觉造成干扰。另外主要采用的是泛光照明，整体设计简单明了，使用方便，大大提高了工作人员的办公效率（见图 4-13）。

图 4-13　办公室照明

报告厅中灯光设计不仅满足观看屏幕的需求，同时也要满足快速记录的需求（投影区域光线要暗便于屏幕清晰，座位区要有局部照明）（见图 4-14）。

图 4-14　报告厅照明

2. 低碳环保自然光的利用

利用光线的反射与折射补充室内照明从而达到节能环保的理念（见图 4-15）。大面积的落地窗使得有足够的光线照入室内，从而充分地利用室外光线，体现了节能环保的理念（见图 4-16）。

图 4-15　利用光线的反射与折射补充照明

图 4-16　利用落地窗补充照明

3. 安全可靠减少光污染

会议室和洽谈室中主要使用间接光，目的是为了减少眩光的产生，同时使得室内光线比较柔和（见图4-17）。

图4-17　使用间接光

4. 混合照明体现空间个性

运用LED灯来装饰办公空间过道的墙壁，彰显了时尚感与现代感，给办公空间带来更多活力，同时体现了公司的个性（见图4-18）。图4-19为一家银行公司办公空间的前台接待区、过道和洽谈室。通过照亮前台背景墙，灯光与材质肌理相结合形成的艺术效果，从而达到引人入胜的感觉。同时在视觉中心点位置上，以黑色背景做衬底，使用内透照明方式突出了企业标志，展示了公司企业形象。利用带光照明以及灯饰装饰来照亮空间，彰显空间的鲜明个性。

图4-18　LED灯装饰过道墙壁

图 4-19　银行照明

4.2.3　商业空间照明

商业空间的类型比较多，使用功能也不同，因此照明设计要根据商业的类型、规模等特点区别对待（见表 4-4）。在灯光的设计中，除了提供合适的照度和创造一定的商业氛围外，还起着非常重要的导向作用，目的是吸引顾客的目光，增加顾客的购买欲。商业空间照明主要考虑以下几点。

表 4-4　　　　　　　　　　　　　商业建筑照明功率密度值

房间或场所	照明功率密度（W/m²）		对应照度值（lx）
	现行值	目标值	
一般商店营业厅	12	10	300
高档商店营业厅	19	16	500
一般超市营业厅	13	11	300
高档超市营业厅	20	17	500

1. 行业类型及空间结构划分

不同类型的行业照明需要各种不同方式的照明技术及形式来体现。

影院照明，主要用不同颜色灯带体现影院的时尚与现代（见图 4-20）。

▨▨▨ 图 4-20　影院照明

由于玩具店的行业类型特点，空间灯光需要更加欢快的气氛，迎合儿童的心理及需求（见图 4-21）。

▨▨▨ 图 4-21　玩具店照明

2. 顾客的生理、心理需求

对于商业空间，无疑能吸引顾客及满足他们的生理、心理需求是最关键的。店面装饰主要以暖黄色调为主，这样的灯光照在巧克力和蛋糕上会使得他们看起来非常新鲜可口，引起顾客的食欲及购买欲（见图 4-22）。

图 4-22　巧克力和蛋糕店照明

灯光照亮立面装饰，体现了材料的质感，同时与材料结构形成的阴影，起到吸引顾客好奇心的作用（见图 4-23）。

图 4-23　立面装饰照明

3. 商业空间和商品的照度要求

根据商品性质不同，照度要求也不一样。不管是采用哪种照明手法，一切是为了突出商品、体现商品特点。

珠宝橱窗设计，采用重点照明，以显色性好的光源，体现出珠宝的高贵品质（见图 4-24）。

图 4-24　珠宝橱窗照明

耐克专卖店的设计，收银台的标志显眼亮目，体现公司形象，引起顾客重视。商品展示区采用灯光带来照亮商品、突出了鞋子的造型，体现了一种运动感，达到促销产品的作用（见图 4-25）。

▨▨▨ 图 4-25　耐克专卖店照明

4. 照明方式及光源的选择运用

从上往下打的灯迎合了服装飘逸神秘的感觉（见图 4-26）。从鞋的背面打光凸显了鞋的造型特征，让顾客能更容易看到自己喜欢的款式；LED 背景灯光可根据季节变化来模拟不同季节氛围，营造不同时季环境，提升不同风格鞋子的品质，体现了情景照明的设计理念（见图 4-27）。利用自然光的照明形式起到节能的作用（见图 4-28）。

▨▨▨ 图 4-26　服装店照明

▨▨▨ 图 4-27　鞋店照明

5. 商业形象和光环境的体现

图 4-29 所示用各种光源（点光、线光、面光等）和照明形式（间接照明、装饰照明等）营造时尚前卫的商场形象，体现自然和谐的光环境。单一色光更容易突出商品自身的特点（见图 4-30）。

图 4-28　利用自然光照明

图 4-29　商场照明

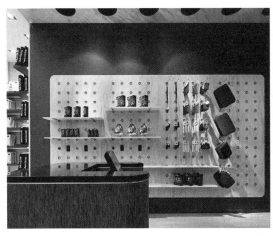

图 4-30　单一色光

4.2.4　餐饮空间照明

餐饮空间照明设计要同餐饮业的功能及餐饮风味和特点相一致。如中餐、西餐、酒吧的业务种类、风格、规模、档次、功能等各不相同。店内的装饰、空间、结构、气氛也各不相同，所以要创造一种良好的氛围，适合该店风格照明，以及相应的空间环境并考虑餐饮的特色和菜肴的地方风味，采用不同的照明方式及照度、光源和灯具等（见表 4-5）。

表 4-5　　　　　　　　　　　　　　　　　餐饮店照明功率密度

类别	区分	空间对象举例	照明功率密度（W/m²）
1	公共空间	中央部分（扶梯）、客用电梯厅、各种店铺入口、客用通道	30
2	座位、应用 A	坐席、登记、厨房、办公室、防灾中心、管理人员室、监视室、控制室等候室、客用卫生间、客用通道、客用楼梯	20 15
3	喝茶、应用 B	茶馆的坐席、工作人员室、工作人员更衣室、工作人员用卫生间、工作人员用楼梯	10
4	应用 B（机械室等）	机械室、电气室、仓库	5

餐饮空间照明要求具体有以下几点。

1. 光源及显色性的选择

希腊奥莫尼亚糕点店采用暖黄色灯光，增强人们的食欲感。在照明手法上，选用显色性好及暖色温的光源，这样食品会感觉更新鲜可口（见图 4-31）。选择色彩丰富的灯光营造酒吧浪漫的氛围（见图 4-32）。

图 4-31　希腊奥莫尼亚糕点店照明

图 4-32 酒吧照明

2. 主题风味特色的营造

餐厅经常用到的灯具包括：台灯、吊灯、壁灯、筒灯、格栅荧光灯盘以及反光灯槽等几大类。在"乡水遥餐厅"中主要运用水晶吊灯及具有装饰性和趣味性的鸟笼吊灯，使得主题餐厅环境形成一种优雅气氛。人们在此就餐似乎就感觉水在轻轻地流，不时传来几声鸟的鸣叫，委婉动听（见图 4-33）。

图 4-33 "乡水遥餐厅"照明

3. 多功能混合性照明运用

哈尔滨新天地海鲜自助餐厅中各种灯光的综合运用，在满足了使用功能的同时提供了一种精神的享受。大厅中使用红色吊灯，活跃了空间，也非常吸引人的眼球。过道区域使用间接光的手法照亮地板，起到引导顾客的作用。自助就餐区使用显色性很好的灯光来满足就餐者的就餐亮度需求。各种灯光的综合运用构成了这个餐厅的光环境，这种混合性照明在各个餐饮空间都会有体现与运用（见图 4-34）。

图 4-34　"哈尔滨新天地海鲜自助餐厅"照明

4. 装饰照明艺术气氛的体现

装饰照明艺术为"外婆人家主题餐厅"渲染了极其强烈的艺术效果。在此空间中主要运用了嵌入式筒灯，利用这种照明形式最大特点是不破坏室内空间造型，使得空间具有整体性，突出了室内装饰艺术。图 4-35 中所示，光影形成了次序排列的韵力，使得空间赋予形式美。

图 4-35　"外婆人家主题餐厅"照明

除了以上所介绍几种典型室内光环境形式外，还有酒店宾馆、影剧院、美术馆、博物馆、图书馆、厂矿、学校、医院等特殊室内空间照明形式。在设计空间照明时，应根据具体室内功能需求而设计方案。总之，良好的室内照明质量主要取决于 5 个因素。

（1）适当的照度标准。

（2）舒适的亮度分布。

（3）宜人的光色和良好的显色性。

（4）没有眩光干扰。

（5）正确的投光方向与完美的造型立体感（见图 4-36 ～图 4-39）。

图 4-36　芬兰玻璃屋酒店照明

图 4-37　证大喜马拉雅艺术中心照明

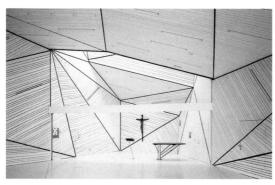

图 4-38 奥地利现代教堂照明

图 4-39 挪威 Vennesla 文化和图书馆中心照明

4.3 室内光环境艺术氛围的营造

下面介绍几种不同室内光环境艺术氛围效果的营造。

4.3.1 光的辉煌

金色年华夜总会大堂光环境的设计，天花吊顶以黄色线形旋转的大吊灯，犹如从天而降的流金，加上后面大镜子的映照，更加深了灯光的层次，周围紫色、红色、蓝色灯光的衬托，把夜总会的疯狂娱乐气氛推到了极致（见图 4-40）。

图 4-40 金色年华夜总会大厅

过道中金色的柱子给人感觉很富丽堂皇，同时在这种环境下，人的心情也会变得愉悦和"躁动"，慢慢地让自己融入到夜总会的气氛中来（见图 4-41）。

　　金色年华夜总会电梯间上的圆盘形吊顶，让整个神秘的空间一时温馨了许多，由中心到周边的黄到橙的灯光变化，给整个狂野的空间增添了细腻的层次（见图4-42）。

　　凯宾斯基酒店中金黄色调营造一个金碧辉煌的空间，天花金光闪闪的灯光装饰为空间增添了不少色彩（见图4-43）。

图4-41　金色年华夜总会过道柱子

图4-42　金色年华夜总会电梯间

图4-43　凯宾斯酒店

4.3.2　光的浪漫

　　酒吧是城市光文化的栖居地，通过光环境及色彩的运用，使人们心灵得到舒解和释放，光色同时体现出空间的形态、色彩、质感及环境的整体轮廓，并包含着特定文化及情感内容。一个优秀的酒吧光环境设计也是都市人身心的归属地及浪漫的港湾（见图 4-44 ）。

　　吧台处的各种混合照明（如地灯、LED 灯、射灯等）结合反光材质的质感让酒吧空间在个性中透露着优雅，热闹中透露着浪漫（见图 4-45 ）。

图 4-44　蓝色调灯光色彩给空间营造了一种浪漫氛围

图 4-45　吧台混合照明

　　舞池中，光打在地板和墙面上形成的影像，与昏暗的环境形成对比，起到活跃气氛的作用，同时这种紫色光与酒吧蓝色的色调相融合，感觉舒适浪漫，增加了不少情趣（见图 4-46 ）。

图 4-46　舞池照明

4.3.3　光的神秘

　　光具有方向感及导向性作用。利用光的特质，或隐或显、或明或暗、或静或动和阴影同轮廓的变化，产生视觉效应，给人一种神秘而又幽幻的感觉。奇特的天花造型在光的映照下给人无限联想（见图 4-47）。灯光照亮大厅中结构复杂的石柱，形成独特的阴影效果，让人联想到神话故事，带来些许神秘之感（见图 4-48）。从下往上打的灯光照亮墙面的装饰字体似乎感觉穿越到古代，产生梦幻般的幻想（见图 4-49）。几条灯光带的组合，把人的视线引向教堂前面的十字架，在此情此境下祷告，相信会释放心灵，达到忘我的境界（图 4-50）。

图 4-47　天花造型

图 4-48　大厅照明

图 4-49　墙面照明

图 4-50　灯光带组合

4.3.4　光的妩媚

　　光通过不同材质及图案的变化，可以营造一种神秘、虚幻的世界。香港水晶酒吧光环境设计，室内空间各阶面采用了光滑材质，由各个阶面连接的区域有着不同的明暗、色系以及图案的变化。房间中有着似水草和仙鹤的图案穿梭在各个墙面，在光的同时作用下，整体空间给人带来梦一般的体验，使其闪辉夺目、妩媚动人（见图 4-51）。

　　香港水晶酒吧的室内设计，同时把这里打造成了有着多层意象且缥缈虚幻的神奇世界。灯光照射在粉白色的墙面，像不加粉饰的少女，那么温柔妩媚（见图 4-52）。

图 4-51　香港水晶酒吧（一）

4.3.5　光的宁静

图 4-52　香港水晶酒吧（二）

室内灯光设计大多运用比较简单和纯粹的光源，并采用较稳重的色调，不突出空间的细节，这样给人一种极具私密性的宁静之感。另外，墙面上运用抽象森林及竹园图形，使人处在流畅自然的环境中（见图 4-53）。

图 4-53　利用自然光体现教堂的神圣宁静之感

图 4-54 所示酒吧色调比较沉稳，在灯光的运用上比较简单纯粹，水纹状的线灯组合，如竹子图案的墙面装饰，都很好的体现了餐厅中"静"的概念。

图 4-54　酒吧照明

复　习　题

1. 思考题

请你指出我国某大、中城市目前灯光景观特点及光环境不足之处。

2. 练习题

请你根据办公空间设计的环境考虑选用合理的光源及灯具。

第5章
室外光环境艺术设计要点

室外光环境设计是一门综合性的社会学科。它是一个城市整体的有机组成部分，是体现社会发展文明进程的主要标志之一，也是一座城市的亮点和品牌。因此，在设计光环境中要考虑城市的整体景观规划和设计的思路，遵照当地政治、经济、文化的固有特征，考虑到建筑的文脉、地形、风格，以及自然与人文形成的各种具有标志性物体，以综合照明方式展现城市夜景魅力的深圳市万象城夜景（见图5-1）。

图5-1 深圳市万象城夜景

5.1 室外光环境设计原则

室外光环境设计要以现代光学高科技设计技术，以低碳环保的设计理念，以使用经济、安全可靠为设计性原则，打破单向思维与封闭设计模式，树立大世界、大环境系统观念，运用各种科学性、艺术性、适应性的表现手段，对室外光环境设计的使用、安全、舒适、美观、方便等全方位定位，进行全面整体的思考。

（1）可达性。包括安全可靠、维护管理、舒适便捷和关注光环境等。

（2）和谐一致性。与环境空间、周边方位、尺度、体量、材质、色彩及动态路线等协调与和谐。

（3）可识别性。领域感、场所感、特征和标志感。聚散方便、生动而引人注目。

（4）艺术感染性。运用数字系统、光学原理、色彩的变化、光的强弱、情节的转化等，展现情景照明"情节性"、"戏剧性"等特有的艺术创造力。

5.2　室外光环境设计的主要内容及方法

室外光环境内容主要包括以下内容。

（1）自然要素。包括空气、地貌、自然风光，以及构景材料的肌理和质地等。

（2）人文要素。创作意象和人文成分，如社会风情、民俗、伦理观念和宗教意识。

（3）人通过视觉对光环境的体验。包括形状、尺度、色彩、肌理、位置等。在视觉范围内，对建筑、道路、河流、桥梁、雕塑、园林、植物等元素的构成关系处理，并创造一种情景交融，神、形、情、理和谐统一的空间艺术境界。

5.2.1　建筑照明

建筑是空间环境中的主体之一，它有新与旧、古典与现代之分。建筑照明设计要充分体现建筑的个性特征，反映城市独特的地理景观与人文景观，体现建筑本身造型各异、立体交错、五彩缤纷、生动而富于灵性的风貌。当然还需要同周边环境的协调呼应，共同形成建筑夜景观光环境。流动的建筑外形加上五彩的 LED 灯，共同构成了具有时尚感和现代感的建筑夜景灯光环境（见图 5-2）。

图 5-2　广州国际体育演艺中心

5.2.1.1　建筑照明方式

（1）泛光照明。通常用投光灯来照射某一情景或目标，且其照度比其周围照度明显高的照明方式。其照明效果不仅能显现建筑物的全貌，而且将建筑造型、立体感、饰面颜色和材料质感，乃至装饰细部处理都能有效地表现出来（见图 5-3）。

图 5-3 泛光照明

（2）轮廓照明。利用灯光直接勾画建筑物或构筑物轮廓的照明方式。对一些轮廓构图优美的建筑物使用这种照明方式效果是很好的，但值得注意的是单独使用这种照明方式时，建筑物墙面是暗的，因此一般会同时使用其他照明方式，如透光照明等（见图 5-4）。

图 5-4 轮廓照明

（3）内透光照明。利用室内光线向外透射形成的照明方式。做法有两种：①利用室内一般照明光，城市大楼中透过窗户散发的室内光体现了城市的一种生活气息，同时也增添了城市夜景的魅力（见图 5-5）；②在室内窗或者需要重点表现其夜景的部位，如玻璃幕墙、柱廊、透光结构或艺术阳台等部位专门设置内透光照明设施，形成内透光发光面或发光体来表现建筑物的夜景（见图 5-6 和图 5-7）。

图 5-5　利用室内一般照明光

图 5-7　圣彼得堡码头

图 5-6　日本男装概念店

5.2.1.2　古建筑照明方案

（1）以屋顶为重点照明。建筑有着各自不同的屋顶形式，因此重点处理屋顶的夜间照明可以将建筑的神韵表现出来（见图 5-8）。

图 5-8　以屋顶为重点的照明方式

（2）以屋身为主要照明对象。中国建筑的外形堪称精美绝伦，有时候照亮屋面下的斗拱和屋身，保持屋顶轮廓的剪影效果，则更显建筑艺术的含蓄美。斗拱、格子门窗、柱子和柱础、匾额、彩画、勾阑、须弥座常常是中国古典建筑精美的部分，可以作为照明的重点部分（见图5-9）。

图5-9　以屋身为重点的照明方式

（3）屋顶与屋身相结合的照明。打亮坡屋面，同时照亮屋身的柱或墙，也是一种照明方式。但还是应注意明暗关系，避免整个建筑所有部分都很亮，反而显得非常呆板（见图5-10）。

图5-10　屋顶与屋身相结合的照明方式

（4）建筑留暗。并不是所有的建筑都要成为环境中最亮的主角。优势照亮环境，让建筑处于一个较低的亮度，也可成为另外一种光照效果；抑或是在建筑上落下斑驳的树影，不也是中国园林所追求的意境吗？照明中的留暗如同书画中的留白，留出无限的遐想空间（见图5-11）。

图5-11　建筑留暗的照明方式

5.2.2　道路照明

道路是空间环境的重要活动枢纽。在设计中要以科学、合理、环保的设计为原则，着重体现使用安全性的特点，运用数据化、人性化的控制系统，完善城市空间交通的畅通性（见图5-12）。

道路照明方式主要包括常规照明（灯杆照明）、高杆照明等照明方式。

5.2.2.1　常规照明（灯杆照明）

这种照明方式是在道路照明中使用得最为普遍的照明方式。这种照明方式有很多优点，它可以按照道路的走向安排灯杆和灯具，具有充分利用照明器的光通量，有较高的光通利用率，并具有很好的视觉诱导性。常规照明灯具的布置可分为单侧布置、双侧交错布置、双侧对称布置、中心对称布置和横向悬索布置5种基本方式（见图5-13）。

（1）单侧布置。所有的灯具均匀布置在道路的一侧，它适合于比较窄的道路。因为公园道路比较窄，一般都使用这种布置方式。有些小径甚至可以用草坪灯布置即可。对于公园道路和一些庭院小径来说，灯具除了起到功能性作用外，其装饰性也起到了很重要的作用。各个公园主题不同，灯具装饰风格当然也不一样（见图5-14）。

图5-12　道路照明（双侧对称布置）

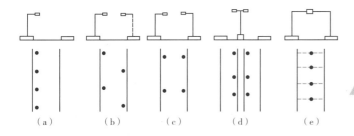

图5-13　常规照明的灯具布置的5种形式
（a）单侧布置；（b）双侧交错布置；（c）双侧对称布置；
（d）中心对称布置；（e）横向悬索布置

（2）双侧交错布置。灯具按照道路的走向交错排列在道路的两侧。这种照明方式要求灯具的安装高度不小于道路路面有效宽度的0.7倍。它的优点是亮度总均匀度要好于单侧布置；缺点就是亮度的纵向均匀度一般比较差，诱导性也不及单侧布置，对于车行道来说有时会给驾驶员造成道路走向很乱的印象。

（3）双侧对称布置。灯具相对地排列在道路的两侧，这种布置方式较合适宽路面的道路，它要求灯具的安装高度不应小于路面有效宽度的一半。

（4）中心对称布置。这种布置方式使用于中间分车带的双辅路，灯具安装在位于中间分车带的"Y形"或者"T形"灯具杆上。采取中心对称布置的灯具，其车道侧和人行道侧的光通量对路面的亮度都有贡献。中心对称布置的视觉诱导性要更好一些。对于一些比较宽的双辅路来说，也可以采用中心对称布置和双侧对称布置相结合。其实，这种布置方式相当于两条并列的双侧对称布置的道路（见图5-15）。

（5）横向悬索布置。它是把灯具悬挂在横跨道路的悬索上，灯具的垂直对称面与道路轴线成直角。这种布置方式主要用于那些树木稠密、遮光严重的道路，或者是楼房密集、难以安装灯杆的狭窄街道。灯具可固定在道路侧的拉杆上，固定在道路两侧的建筑墙体上（见图5-16）。

图5-14　单侧布置

5.2.2.2　高杆照明

灯具安装在高度等于或大于20m的灯杆上进行大面积照明的一种照明方式。高杆照明方式适合于设置在立体交叉、平面交叉、广场、停车场、货场、机场停机坪、港口等场所（见图5-17）。

图5-15　中心对称布置

图5-16　横向悬索布置

图5-17　高杆照明

（1）由于在灯具选择或者配置方面有较大的灵活性，因此，如果调配适当，可使各种形状的被照明场获得较好的照明均匀性。

（2）高杆照明不仅可以为场地的地面提供照明，还可以为被照场所的空间提供照明，这对现实物体的形状，雕塑物体的立体感很有益处。

（3）相比常规照明，高杆照明灯杆数量较少。在被照场地比较集中的情况下，高杆照明可以以很少的灯杆达到较理想的效果，因此，避免了灯杆林立的现象，这样可使被照场地显得整齐干净。

（4）在一定程度上，高杆灯的杆位选择比较灵活，因此可以将灯杆设置在离开可能会对交通或维护有妨碍的位置。

（5）由于高杆灯的灯具安装得比较高，照射的范围比较大，会有相当一部分光落入不需要照明的区域。因此，要高度重视光的污染问题。

道路照明主要使用灯具：路灯、庭院灯、地灯等（见图5-18～图5-20）。

图5-18　路灯

图5-19　庭院灯

图5-20　地灯

5.2.3 桥梁照明

桥梁的夜景照明可采用以下两种方式。

5.2.3.1 泛光照明

泛光照明就是用泛光灯直接照射被照物表面，使被照面亮度高于周围亮度，其特点是显示被照物体形状，突出被照物的全貌，如桥梁的主体结构、桥塔、桥墩、吊索、钢缆等，使其层次清楚，立体感强，尽显大桥雄姿和气势。在泛光照明中主要又分以下几种形式：①桥洞照亮，桥身桥面留黑；②桥身照亮，桥洞桥面留黑；③桥面照亮，桥身桥洞留黑；④综合照明（见图 5-21 ~ 图 5-24）。

图 5-21　桥洞照亮的照明方式

图 5-22　桥身照亮的照明方式

图 5-24　综合性照明方式

图 5-23　桥面照亮的照明方式

5.2.3.2　轮廓照明

轮廓照明就是将光源沿被照物特定的轮廓安置，显示被照物的外形，如桥梁的桥身、桥栏，突出桥梁的优美线形。光纤照明是轮廓照明的一种很好的表现形式（见图 5-25）。

桥梁是城市道路的延伸和结点，跨河跨海，或飞架城市之中，以舒展优美的造型成为夜景观的亮点，它的夜景设计与道路照明有所同而又有所不同，相似之处在于它们都以线型的光空间连着城市的面状灯光环境，而相异之处则在于道路表现的是街面延展性。桥梁却完全体现它在城市中的三维乃至四维的光流动空间，两者相辅相成，丰富了城市夜景的表现性。

泛光灯照亮桥身的石材，体现了古代桥梁的历史感和沧桑感（见图 5-26）。明亮的灯光照亮大桥的结构，体现了现代桥梁的时代性（见图 5-27）。变化多彩的 LED 使得桥梁更有装饰性和时尚感（见图 5-28）。

图 5-25　轮廓照明方式

图 5-27　照亮大桥结构

图 5-26　泛光照亮桥身石材

图 5-28　LED 照明

5.2.4　水体照明

　　水体是环境景观中经常使用的元素，其中包括自然溪流、池塘、瀑布、喷泉等。水能够使白天的景观灵动起来，也能在巧妙的光线下使夜色中的景观更加活泼生动。因此，水体照明应根据水的特点及水的形式来进行多种多样的照明手法来表现。在设计中，一般采用水上照明、水面照明、水中照明等三种方式。为了突出景观效果，常利用静态、动态和立体空间形态水体的特性来展现光环境的意境（见图5-29和图5-30）。

图5-30　动态水体照明

图5-29　静态水体照明

5.2.4.1　水的照明方式

　　水中照明方式主要有3种：水上照明方式、水面照明方式、水中照明方式。水中颜色的可见度与光源类型有关，水中照明用光源采用金属卤化物灯（变换颜色稍微困难、不能开关、调光；光束大）和白炽灯（易于变换颜色、开关、调光）（见图5-31～图5-33）。

图5-32　水面照明

图5-31　水上照明

图 5-33　水中照明

5.2.4.2　静态水的照明

所有静水和慢速流动的水，比如池塘、湖和河水，其镜面效果就如一幅画，河岸上的所有被照物体都将被水面反射、映衬，在夜间环境下，产生十分有吸引力的效果（见图 5-34）。

图 5-34　湖水和河水的照明

5.2.4.3 动态水体的照明

动态水体的表现形式包括自然动态水体及人工动态水体。如喷泉是典型的人工动态水体表现形式。喷泉照明光源使用的最多为白炽灯，若喷水柱高且无需调光，则可采用高压钠灯与金属卤化物灯，彩色照明，其色彩是通过滤色片取得的，也可以采用 LED 彩灯照明，运用色彩的不同可以使喷水更加多姿多彩和绚丽（见图 5-35）。

图 5-35　喷水的照明

5.2.5　植物照明

植物照明是环境照明的重要组成部分，绝大多数是起到景观照明的目的。根据环境景观设计要求，同时根据植物生态习性、造型特点，合理配置环境景观中的各种植物，以发挥它们的绿化及美化的作用。应根据植物的类别和位置进行规划设计，常采用上射照明、下射照明、轮廓照明、背光照明（剪影照明）、月光效果照明等照明方式，充分体现植物的高低、大小、深浅、疏密、形态及丰富的空间层次感，让自然与人文景观和谐共生、天人合一的自然生态环境（见图 5-36 和图 5-37）。

5.2.5.1 上射照明

上射照明是园林植物景观中最常用的一种方式，是指灯具将光线向上投射而照亮物体，可以用来表现树木的雕塑质感。灯具可固定在地面上或安装在地面下。一些埋在地面中使用的灯具，如埋地灯，由于调整不便，通常用来对大树进行照明；而那些安装在地面上的插入式定向照明灯具，则可用来对小树照明，因为它们比较容易根据植物的生长和季节的变化进行移动和调节（见图 5-38）。

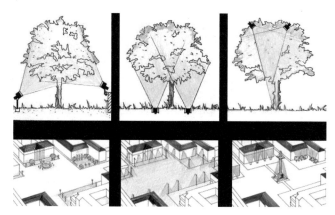

图 5-37　草坪灯照明

图 5-36　植物照明的灯具安置图

图 5-38　上射照明方式

5.2.5.2　下射照明

下射照明与上射照明相反，主要突出植物的表面或某一特征，同时与采用上射照明的其他特征形成对比。下射照明适合于盛开的花朵，因为绝大多数的花朵都是向上开放的。安装在花架、墙面和乔木上的下射灯均可满足这一要求（见图 5-39）。

5.2.5.3　轮廓照明

轮廓照明是通过光源本身将照明对象的轮廓线凸显出来。主要利用串灯，它的装饰作用是挂在除了树冠浓密的针叶树之外的乔木上突出树体轮廓（见图 5-40）。

5.2.5.4　背光照明（剪影照明）

背光照明是使树木处于黑暗之中，而树后的墙体被均匀柔和的光线照亮，从而形成一种光影的效果。比较适合于姿态优美的小树和几何形植物（见图 5-41）。

图 5-39 下射照明方式

图 5-40 轮廓照明方式

图 5-41 背光照明方式

5.2.5.5　月光效果照明

将灯具安装在树上合适位置，一部分向下照射以产生斑纹图案，另一部分向上照射，将树叶照亮，这样产生一种月影斑驳的效果，好像皓月照明一样（见图 5-42）。

图 5-42 月光效果照明方式

5.2.6　花坛照明

花坛照明方式有以下 2 种：①由上而下观察处在地平面上的花坛，采用蘑菇式灯具向下照射，将灯具放置在花坛的中央或侧边，高度取决于花的高度；②花有各种各样的颜色，就要使用显色指数高的光源，白炽灯、紧凑型荧光灯都能较好地应用于这种场所（见图 5-43 ～图 5-46）。

图 5-43　阶梯式花坛照明

图 5-44　小型花坛灯饰

图 5-45　大型花坛照明

图 5-46　花坛地灯

5.2.7 雕塑照明

景观雕塑的形式造型各异，千差万别，使得其照明设计的内涵差别较大，难以有统一的设计模式。城市雕塑的照明，其目的是要体现雕塑的造型寓意，让人在欣赏雕塑时不仅能对城市的历史文化背景有所了解，而且也能在精神方面有所收获，而灯光小品既体现了小环境的趣味性，又是对景观意境的点缀。

5.2.7.1 城市雕塑照明

高大的自由女神像象征着人们追求自由平等，向上打的灯光凸显它的雄伟高大的气质（见图5-47）。巴黎埃菲尔铁塔主要以灯光来凸显其钢架镂空结构特征（见图5-48）。城市雕塑照明图例见图5-49。

图5-47 自由女神像

图5-49 城市雕塑照明

图5-48 埃菲尔铁塔

5.2.7.2 景观雕塑照明

景观雕塑照明图例见图5-50。

5.2.7.3 灯光小品灯饰

室外环境照明手法的运用还取决于受光对象的质地、形象、体量、尺度、色彩和所要求的照明效果，观看地点以及与周围环境的关系等因素。照明方法还可采用光的隐现、抑扬、明暗、韵律、融合、流动及色彩的配合等，使得夜景观更具有艺术的魅力（见图5-51）。

图 5-50　景观雕塑照明

图 5-51　灯光小品

5.3　绿色光环境概念

　　绿色照明概念最早是在 20 世纪 90 年代初欧美一些国家提出来的。它的完整照明内涵包含高效节能、环保、安全、舒适等 4 项指标。高效节能意味着以消耗较少的电能获得足够的照明，从而能够明显地减少电厂大气污染物的排放，达到环保的目的。安全、舒适指的是光照清晰、柔和及不产生紫外线、眩光、光污染等有害光源。

绿色照明是指通过科学的照明设计，采用效率高、寿命长、安全和性能稳定的照明电器产品（电光源、灯用电器附件、灯具、配线器材以及调光控制设备和控光器件等），充分利用天然光，改善提高人们的工作、学习、生活条件和质量。

5.3.1　绿色光环境意义

推广绿色照明工程就是逐步普及绿色高效照明灯具，以替代传统的低效照明光源。这是一种照明新概念，是可持续环保理念的体现，具有如下5点意义及建议。

（1）保护环境。包括减少照明器具生命周期内的污染物排放；采用洁净光源、自然光源和绿色材料，以控制光污染。

（2）节约能源。以紧凑型荧光灯替代白炽灯为例，可节电70%以上；高效电光源可使冷却灯具散发热量的能耗明显减少。

（3）有益健康。能够提供舒适、愉悦、安全的高质量照明环境。

（4）提高工作效率。这比节省电费更有价值。

（5）营造体现现代文明的光文化。

5.3.2　绿色光环境照明方法

（1）正确确定照明标准，参照建筑物功能和场所，及其背景的明暗程度，和表面装饰材料等情况所需的照度或亮度的标准值为标准。

（2）应尽量减少照明中的眩光和光污染。

（3）正确选择照明的照度、亮度、均匀度、最大功率密度值及最大的光度指标。

（4）充分利用自然光。白天运用自然光是最好的廉价资源。

5.3.3　正确选择照明方式

（1）正确选择光源。绿色照明对光源的要求是既能满足良好的照明条件，又能满足节能降耗的要求。

（2）正确选择灯具。采用控光合理的灯具，使灯具射出光线尽量照到需要的被照场所。

（3）加强照明维护管理。应定期进行照明维护，换下非燃点光源或光衰较大的光源。应定期清洗灯具，以保证较高光通量的输出。

绿色照明是推动照明技术全面发展和进步的系统工程，其含义广泛，意义重大而深远。目前我国绿色照明工程正朝着科学、有序的方向发展。全面理解、全方位推进绿色光环境建设进程。发展新技术，利用新材料，合理运用照明的供配电及控制系统、节能照明；并利用太阳能、风力、水流循环，利用声控、红外线、热感应等高科技。并且合理地运用自然光和人工照明的并用方法。现在也越来越多的案例会运用到绿色照明的理念，在这种环保的趋势下，相信以后也会出现更多的绿色照明。

5.3.4　绿色照明案例分析

案例一：日本东京街头的太阳能 LED 路灯

2011年"3·11"大地震后，日本一直为解决电力能源供应而努力，其中新型LED照明是重要的一种节电措施，而且在灾害中表现也很出色。4月2日，一种新型太阳能LED路灯出现在日本东京的街头，漂亮典雅的造型给东京表参道提供装饰景观。头顶一轮明亮的灯圈，显示这是一种不同寻常的LED灯光，中间位置的高亮度给灯下提供良好的照明，这种LED路灯兼具太阳能发电和蓄电池功能，运行起来比普通路灯省电50%，而且在发生灾难停电时，LED能自动照亮主要干道，并指示人们朝着避难的方向撤离（见图5-52）。

图 5-52　日本东京街头的太阳能 LED 路灯

案例二：健身发电的环保路灯

　　设计师将这些健身器材与路灯结合在了一起。健身发电的环保路灯（Citylight），创意其实非常简单，将每一台健身设备都变成了发电机，人们在上面运动就能带动发电设备产生电力，进而点亮路灯照明，多余的电力还能储存起来，保持路灯长亮（见图 5-53）。

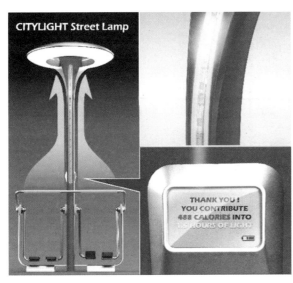

图 5-53　健身发电的环保路灯（Citylight）

案例三：英国 Sainsbury's 超市

Sainsbury's 是首家安装新的飞利浦 Affinium LED 照明系统的零售商，该系统在降低能源成本方面有着巨大的潜力。飞利浦 Affinium LED 模块使用 Luxeon Rebel LED，其寿命比常规光源长得多。通过使用 Luxeon 技术，每个模块在商店中的有效使用寿命可达 10 年。与此相对的是，在冷冻柜的不利环境中使用时，荧光灯的有效使用寿命只有 6 ～ 12 个月（见图 5-54）。

图 5-54　英国 Sainsbury's 超市

案例四：2011 北京市东城区"创意点亮北京"国际灯光作品秀——《大地》

作品概念：翻开地面，土壤已被"白色垃圾"所替代，植被因赖以生存的自然环境遭到破坏而日渐枯萎，不要等到这一天真正来临，再去关注我们的"大地"母亲，我们自身的消费习惯已给自然环境造成了巨大的伤害。从自我做起，关注发生在我们身边的环保行为；少用一个塑料袋，少用一次性餐具，节约用水……

先进性描述：共 12 组装置，骨架是由钢架焊接而成，表面固定细铁丝网，其上覆盖新鲜草皮，装置的内底部安装 LED 冷白色线条灯，内部空间填充充气充水塑料袋（见图 5-55）。

图 5-55 《大地》

复 习 题

1. 练习题

低碳环保光环境设计的探讨——（图文）3000 字左右。

2. 调查报告

（1）国际城市光环境的研究分析报告（图文并茂）PPT 演示。

（2）当前商业空间光环境研究探讨（图文并茂）PPT 演示。

（以上要有典型案例的切入点，同时对光环境全方位探讨和研究分析，获得正确使用光源，并合理利用光学原理，设计出环保绿色的灯光景观作品）。

第6章
光环境艺术设计方案制定及设计案例赏析

通过以上几个章节的学习，我们已初步了解了光的特性以及照明方式，下面为了实际设计操作的需要，特概括以下具有代表性的设计方案，讲述规范的设计、程序的制定，以便真正全面掌握光环境要点及内容。

6.1　光环境艺术设计要求及任务书制定

6.1.1　设计目标

通过课题研究学习，深入探讨当今环艺设计领域多科学、多元化、高效能及人性化特点。理论联系实际，结合典型案例设计，强化创新思维力，更新观念，勇于开拓，牢牢抓住人与自然、社会之间的和谐交点，树立环保绿色概念，深入研究设计，以完美的设计作品服务于人类社会。

6.1.2　设计任务

（1）2009年哥本哈根会上，我国慎重承诺，2020年中国单位CDP的二氧化碳排放率将比2005年下降40%～45%。在2010年"两会"上，生态环保、可持续发展成为"两会"的主题。要大力发展新能源、新材料、节能环保、低碳经济，积极发展新能源和可再生能源设计，倡导低碳消费也已成为世界人民新生活方式。

（2）利用照明技术、照明方式和新科学、新材料；以新的设计理念不断追求光环境设计的精神功能、社会效应及照明文化（地域民族文化、时代科学文化、张扬个性文化及人与自然和谐的文化等）。

（3）以实际光环境设计案例的研究设计，充分体现设计者丰富的想象力，扩展思路，深化构思。利用照明设计要素，并熟练掌握光与材质、光与构造、光与空间及光与环境的特性。运用光的众多要素和艺术表达形式，设计出既有使用性、艺术性、科学性及节能环保概念的光环境设计作品。

（4）设计内容。

1）光环境设计研究。光的基础知识，光对人的感受，光环境设计要素，光环境的过去、现状与未来发展趋势。案例提议、设计方案的确立。

2）光环境设计方案。①酒吧、咖啡屋、西餐厅室内光环境设计；②城市灯光景观设计；③公共小区光环境设计。

6.1.3　设计理念

我们要以低能耗、低污染、低排放为基础的设计模式为原则。充分利用太阳能、风能、水能以及自然能展开我们的设计研究工作。

光的能量是自然界所有生物得以生长、进化、繁衍之本。没有太阳的光照，地球上就不可能有生命的存在，可以说，就没有整个世界。良好的光环境设计应该是一种弹性的光照系统，应该是人与空间、功能、形态、经济等因素的一种平衡，应该是对空间整体细细体味中的一种和谐的完美统一感。

让我们关注光本身所具有的美学价值，体现光环境设计是一种独特的艺术形式。我们可以从各民族文化的差异性与矛盾性中寻找共同点，相互统一协调，以多样性与自由性等，拓展和创新光环境设计。以下几点供大家参考。

（1）光环境设计应该以满足人的需求为基本出发点和根本目标，及分别满足人的行为需求、生理需求、心理需求。这是衡量照明"质量"的重要标准。

（2）光的表现力是创造光环境艺术的重要因素。由光显示出来的空间效果，利用光对人和物的造型，利用光作出的雕塑，还有利用光作出的绘画，都有十分诱人的表现力，能够发挥出艺术效果。

（3）光的艺术个性及主题气氛烘托。运用新技术、新方法、新材料、新思维、新观念等贯穿到整个设计过程中，从中寻找出光环境设计的展示符号及表达突破点。

6.1.4　设计表现

1. 设计报告书

（1）设计说明。意向调查、资料分析、概念创意、空间结构、区域划分、灯光处理、环境气氛、整体风格等，约 1200 字。

（2）构思草图。表现设计过程的概念示意图，相关草图，创意及结构草图等（见图 6-1）。

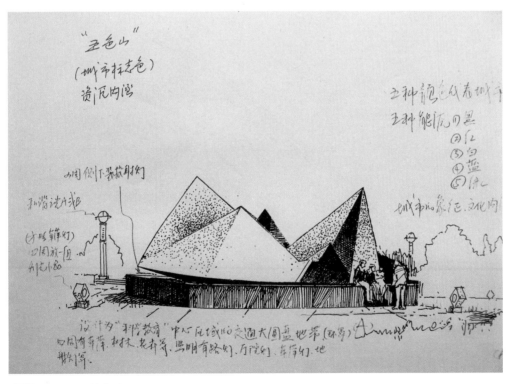

图 6-1　设计草图

（3）设计效果图。总平面图、照明分析（普通照明、重点照明、装饰照明示意图、光色亮度分析图等）（见图 6-2 和图 6-3）。

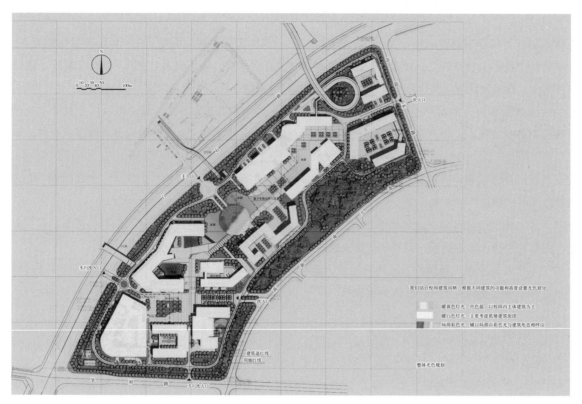

图 6-2　平面光色规划图

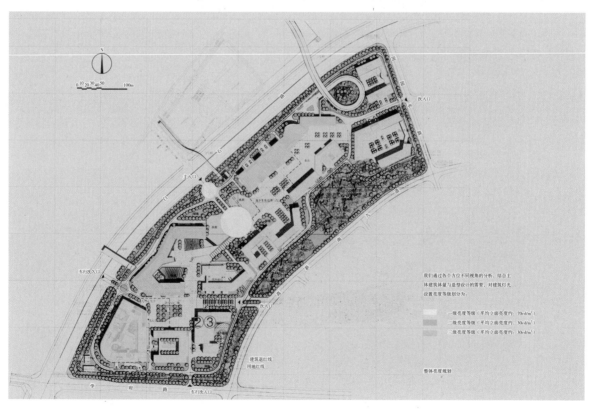

图 6-3　平面亮度规划图

　　（4）照明形式的选用及设计表现。①灯具的选用及灯具的设计（标灯、非标灯）；②界面装饰及光环境艺术细部设计（灯光小品，光构成等）；③自然光与人工光的运用，光环境的气氛整体把握（见图 6-4 和图 6-5）。

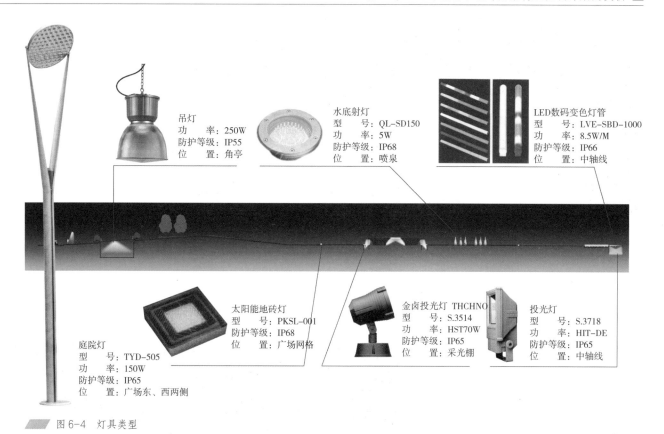

吊灯
功　　率：250W
防护等级：IP55
位　　置：角亭

水底射灯
型　　号：QL-SD150
功　　率：5W
防护等级：IP68
位　　置：喷泉

LED数码变色灯管
型　　号：LVE-SBD-1000
功　　率：8.5W/M
防护等级：IP66
位　　置：中轴线

庭院灯
型　　号：TYD-505
功　　率：150W
防护等级：IP65
位　　置：广场东、西两侧

太阳能地砖灯
型　　号：PKSL-001
防护等级：IP68
位　　置：广场网格

金卤投光灯 THCHNO
型　　号：S.3514
功　　率：HST70W
防护等级：IP65
位　　置：采光棚

投光灯
型　　号：S.3718
功　　率：HIT-DE
防护等级：IP65
位　　置：中轴线

■ 图6-4　灯具类型

（5）光环境总效果图。各种制图、示意图、效果图等，设计表现具有较强艺术性，光感及环境气氛富有情趣性，并富有强烈的感染力和整体艺术效果等（见图6-6和图6-7）。

■ 图6-5　灯光小品

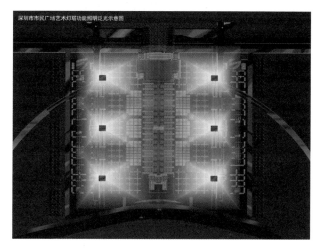

■ 图6-6　灯塔泛光

图 6-7　灯光夜景

2.设计展示

（1）设计方案项目概况。①设计区域和范围；②小区总体规划解读；③道路现状；④景观现状；⑤照明现状（见图 6-8 和图 6-9）。

图 6-8　照明现状

■ 以西秀山和文峰塔为视觉中心，用强光点睛，形成第三级远景形象标志。以较暗山脊作过渡到第二级。

■ 山麓下的第二级是整个广场的大部分景观区域和主要活动区，呈东、南、西三方向梯级扇面展开。灯光以辐射状 LED 嵌地光带铺洒底景，文峰塔的泛光须作光色和分层投光改进，以丰富其立体感。沿扇形立 8 柱专题设计的景观灯柱，形成该区域主体照明牲。

图 6-9　广场灯光夜景
　　　　 总体构思

（2）设计目标。

（3）设计定位。

（4）设计方案。①夜景观分析；②景观视线分析；③夜景观结构要素组织；④夜景照明体系（见图 6-10 和图 6-11）。

3. 设计展示

（1）各种图纸看图格式（JPG）。

（2）设计排版（1 ~ 3 块版面竖排版）（见图 6-12）。

（3）设计方案 PPT 表现形式（电子文档）。

图 6-10　视线分析图

图 6-12　设计排版

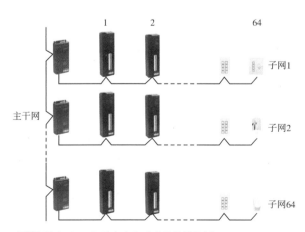

图 6-11　大型分布式照明控制网络图

6.2 设计案例赏析

6.2.1 国际优秀设计案例

6.2.1.1 奥地利两博物馆光环境设计

1. 格拉茨艺术博物馆（Art Museum in Graz）

这个由伦敦建筑师彼得·库克（Peter Cook, 1937–1999）和科林·弗尼尔（Colin Fournier）创造的"飘浮气泡"被设计为21世纪里连接过去和未来的分界面。从外面看去，这个艺术博物馆有一个圆的、有机的、黑的外形（见图6-13）。

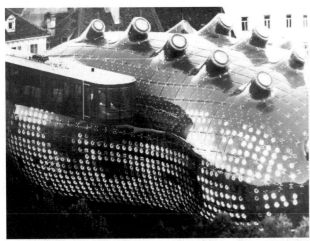

图 6-13　格拉茨艺术博物馆外观

从技术角度上有一个有趣的想法：采用专门开发制作的镇流器来对紧凑型荧光灯进行调光和开关，同时也使用白炽灯。

二层平面内的扶梯，空间被一个由简单灯管构成的特殊方式覆盖（见图6-14）。

图 6-14　格拉茨艺术博物馆内部照明

"喷嘴"决定了建筑三层的形象。环状灯管被安装在其中，它们强化了舷窗的存在。但遗憾的是阳光并没有像建筑师希望的那样充足地照入（见图 6-15）。舷窗的开口正对着王宫。在建筑内部，外形的荧光灯安装在舷窗部位，在本设计中，这形成了最有趣的照明要素，这是一种典型的劳克斯和亚当斯公司的处理手法。

图 6-15　格拉茨艺术博物馆舷窗

2. 林茨的兰多斯博物馆（Lentos Museum in Linz）

林茨的兰多斯博物馆简化了建筑的形式，利用方形内部空间的建筑来创造一个整洁统一的街区，也产生了可行的、令人满意的照明方案（见图 6-16）。

可是这并不意味兰多斯博物馆的照明设计是没有创造性的，仅仅表明该建筑立面的设计同建筑本身一样简洁，并且自然给人深刻印象。这个建筑在城市中获得了它的位置。博物馆屹立在多瑙河河堤的基地上，多瑙河面在该位置的宽度大约是 100m，因此该博物馆的视野既远又宽，而且周围建筑不对它形成视觉竞争。博物馆的立面也是由玻璃外皮包围，红色和蓝色荧光灯从背后把玻璃照亮带间接照亮（见图 6-17）。

图 6-16　兰多斯博物馆外观

图 6-17　红色和蓝色荧光灯照亮玻璃外围

　　最初给人的感觉是：又有人在玩弄彩色照明手法了。可是等再一次仔细观赏，你会很快修正最初的观点。它的确给人一种在高技术主面上使用彩术交色光照明的感觉。立面玻璃上镌刻了 3.5 万个博物馆的名字，间接照明又加强了这种效果。这种谨慎的彩色光外衣与博物馆朴素、简洁的结构很匹配，整个建筑独自站在它的基地上，像个巨大的宝石一样自信地闪耀着光芒。内部空间的设计，以及空间的形状和各部分材料也是很简单的。降低室内表面材料的品质，显露出混凝土的朴素表面，从而同设置的艺术品区分开来（见图 6-18）。

　　图 6-18　混凝土材料的内部设计

　　横跨于大跨度美术馆上方的玻璃天花板采用了自然光，这种做法清楚地表现出了一个精心设计的方案构思，该方案保证了对所展示艺术品的保护，并且给空间创造了满意的气氛。对天然光和人工光的综合利用是由一个同天然光实际状况相连接的计算机控制系统来操纵的。这种极简主义的设计概念不断地贯穿和实施于整个工程的始终，以至于人们忘记了采用何种产品和天然光系统的位置。可以说，这是个好的照明设计。对整个设计的评价是：简洁而又充分；缜密构思，而且同天然光紧密联系，但又不过分。总之一字，"好"（见图 6-19）。

　　图 6-19　天花板采用自然光设计

6.2.1.2　悉尼歌剧院光环境设计

活力悉尼（Vivid Sydney）灯光音乐节是创意产业和悉尼作为亚太地区创意中心地位的一次重要庆典。

悉尼歌剧院是世界上最具有标志性的建筑物之一，悉尼歌剧院带到我们的眼前，它所呈现的歌舞方式将是亘古未有的人类的视觉盛宴（见图 6-20）。

图 6-20　悉尼歌剧院不同光色的展示

作为灯光节庆及社火活动而言，短期的喧闹是有一定振奋人心的作用。但长期的意义，我们应该还给这个地球夜晚原本的宁静及神圣。

悉尼歌剧院光环境的设计，人们更偏爱在淡淡的月光下一艘帆船停靠在宁静的港湾，等待着起航。这种意境更能体现作者的本意，同时也是对大自然的无比敬重（见图 6-21）。

图 6-21　宁静的悉尼歌剧院

图 6-22　蕉叶泰式餐厅餐厅局部照明

6.2.2　国内优秀设计案例

6.2.2.1　室内案例

1. 南京蕉叶泰式餐厅方案赏析

蕉叶泰式餐厅，设计者很好地抓住了其主题，射灯打在装饰墙面使得蕉叶造型图案栩栩如生，同时用暖黄光照亮"蕉叶"两字，从而更突出了餐厅主题（见图 6-22）。

大厅中间半围合的就餐区天花板使用间接光来满足使用功能；围合空间的隔断同时也是利用间接照明照亮装饰的植物，渲染一种浪漫氛围。上下来光相互配合同时也起到虚拟分割空间的作用（见图 6-23）。

过道中暗藏在彩色纱幔中的灯光，使天花板看起来更加柔和优美。有节奏的排列方式，在空间中起到了一定的导向性作用（见图 6-24）。

图 6-23　蕉叶泰式餐厅大厅照明

图 6-24　蕉叶泰式餐厅过道照明

图 6-25 中灯光透过纱布吊顶形成的光晕感觉像是蕉叶上落下的水滴，给人一种身处热带雨林之感。具有泰式风味的装饰灯饰给包间增添了休闲随意的感觉，恰好迎合了餐厅主题的风格（见图 6-26）。

2. 台北 W 酒店设计图例赏析

台北 W 酒店入口处暖黄光照亮的"W"字样很是吸引人的眼球，同时也起到宣传作用（见图 6-27）。

图 6-25　蕉叶泰式餐厅纱布吊灯照明

图 6-26　蕉叶泰式餐厅泰式包间照明

图 6-27　W 酒店入口处照明

天花板的水晶吊灯为大厅增加了高贵典雅的气质，酒杯造型的灯具给空间增添了趣味性（见图 6-28）。

灯光与透明玻璃及一些反光材质的结合，营造了一个非常具有意境的迷幻空间（见图 6-29）。

图 6-28　W 酒店大厅照明

图 6-29　W 酒店灯光与透明玻璃结合的照明效果

灯光照亮材质肌理创造的光影效果，蓝色的发光底板及星星点点的筒灯共同构成一幅画，犹如银河一般，给人梦幻的感觉（见图 6-30）。

3. 于跃波室内空间设计赏析

房间中主要采用多种照明形式体现空间的现代感、时尚感。采用自然光照亮房间，起到了节能环保的作用（见图 6-31）。

灯光照亮重点区域，满足了房间使用功能上的需求（见图 6-32）。

图 6-30　W 酒店灯光与装饰材质结合的照明效果

图 6-31　室内多种形式照明

图 6-32　重点区域照明

6.2.2.2　室外案例

1. 水立方

方圆的构思：在古代中国有天圆地方之说，鸟巢和水立方分别代表天和地，也代表阴和阳，而正是阴和阳互补互助，构造一种有序的状态达到和谐统一（见图 6-33 ~ 图 6-35）。

2. "光的拼图"

北京市建筑设计研究院 BIAD 灯光设计工作室创作的奥运中心区夜景照明设计，荣获 2008 年国际低碳设计奖（生态建筑类），是所提交的 158 件作品中唯一的照明设计获奖作品。其获奖作品为：北京奥林匹克公园中心区夜景照明设计。

面对北京奥运中心地带这样一个地标性建筑林立，举世瞩目的庞大公园，作为总体夜景照明规划设计者，深

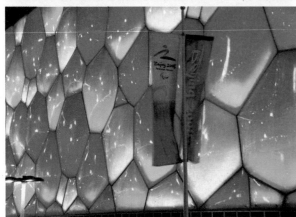

图 6-33　鸟巢、水立方效果图

图 6-34　水立方建筑夜景灯光效果

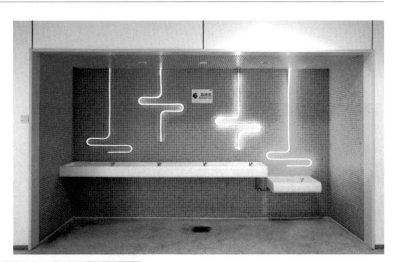

图 6-35　水立方室内灯光效果

受中国写意山水画重意境的思想启发，他们创造出了"光的拼图"，把整个公园按内在的意义关联分为 4 块拼图，并按同样思路不断细分，令各方设计人员既有自由创作的空间，又在效果的衔接上找到联结点。这些光的拼图分别创作再组合起来，既彰显各区块特色、又构筑整体和谐（见图 6-36 和图 6-37）。

图 6-36　奥运中心区

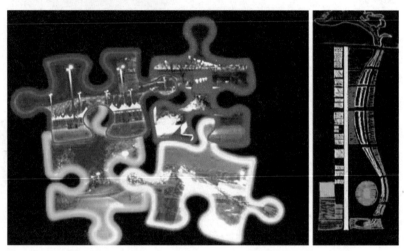

图 6-37　奥运中心区"光的拼图"

通过整体规划重点建筑物的亮度关系、各区域的照度关系，有效地避免了建筑物和景区间的亮度攀比，实现了节能减排的效果。加之采用大区域智能照明控制管理系统，在不同时间根据场景需要只开启部分灯具，创造出更加丰富和谐的夜间景观，同时进一步节约了能耗。

在 4 块拼图中，中国元素起到了穿针引线的作用，并运用传统的符号和现代高科技手段，透露出东方几千年特有的安详与神秘（见图 6-38 ~ 图 6-44）。

图 6-38　奥运中心区下沉花园 7 号院牌楼

图 6-39　奥运中心下沉花园 1 号院

图 6-40　奥运中心下沉花园 7 号院

图 6-41　奥运中心区下沉花园 7 号院十字亭

图 6-42 奥运中心区灯具设计：光的造型——翔

图 6-43 奥运中心水系

图 6-44 奥运中心区休闲花园

6.3 学生优秀作品案例

1. 庄沅锭作品（指导老师：秦亚平）

作品名称：酒吧光环境设计。

设计说明：一般人心目中的酒吧都是喧闹的，灯光环境相对较暗，但灯光颜色很活跃，能很好地带动人的情绪，是一个能让人情绪发泄的好地方。但这个设计和一般酒吧不一样，它通过光环境的塑造，让人仿佛置身在宁静的水底世界一样，远离城市的喧闹和工作的压力。酒吧主色调以白色为主，灯光用了大量的蓝色，局部以黄色暖光为辅，打造另类的个性酒吧，营造一个温馨宁静、心灵又能得到彻底释放的海底世界（见图 6-45～图 6-49）。

图 6-45 元素来源示意图

▰▰▰ 图6-46 水滴示意图

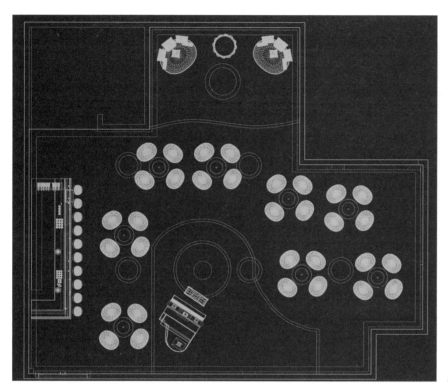

▰▰▰ 图6-47 平面布置图

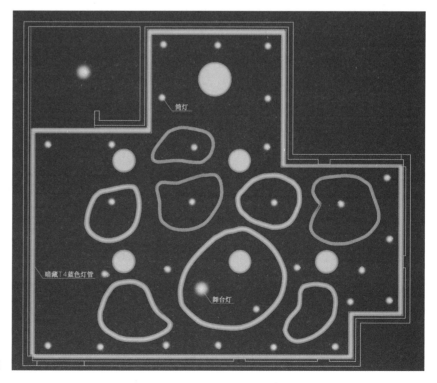

▰▰▰ 图6-48 顶棚灯光布置图

图 6-49 效果图

2. 罗淞元作品（指导老师：秦亚平）

作品名称：酒吧灯光设计。

设计说明：本方案为酒吧灯光照明设计，主要运用了基本照明、装饰照明和重点照明的手法。灯光色彩以紫、黄、蓝为主，营造一种浪漫氛围，并利用色、光、影塑造空间结构，将酒吧的幽深与神秘表达得淋漓尽致。灯光与色彩在空间中随意流动着，探寻内心深处的梦幻，捕捉灯光留下的痕迹（见图6-50～图6-52）。

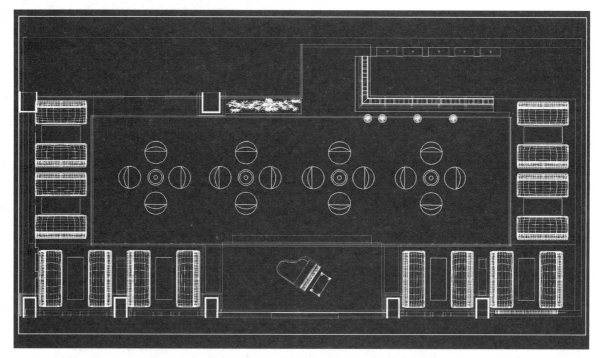

■■■ 图6-50 酒吧平面布置图

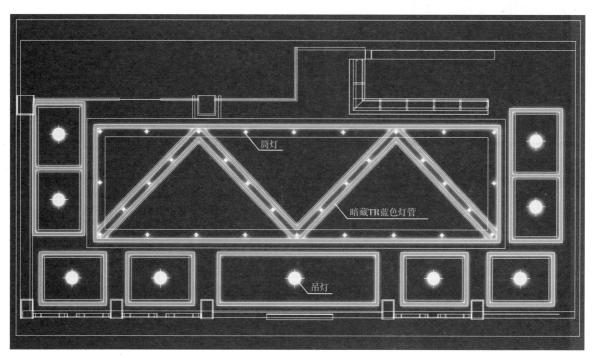

■■■ 图6-51 天花灯光布置图

图 6-52　效果图

3. 陈赢作品（指导老师：秦亚平）

作品名称：酒吧光环境设计。

设计说明：酒吧是给人放纵情绪的地方。身心疲倦的时候，它是一个让人宣泄心情、放松自我的"私留地"。此方案联想到了碎裂的盒子，寓意着人们来到这里，压在心底里所有的情绪将会随着音乐的跳动喷发。

天花的设计是对破裂盒子这一理念最好的诠释。对平面的天花进行打碎，选取打碎的小块面，换成装有 LED 灯的灯箱，随着音乐的起伏，灯光的颜色不断变化，很好地营造了酒吧的空间氛围（见图 6-53 和图 6-54）。

舞台的设计主要是用三个大体量的方体架，以旋转的形态嵌入舞台与天花板中，架子里面置有发光彩带（见图 6-55 ）。

▨ 图 6-53　光影示意图

▨ 图 6-55　舞台效果图

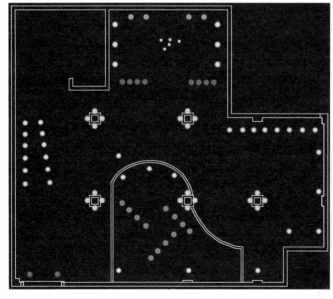

▨ 图 6-54　天花布置图

包厢的设计也采用了盒子的造型。包括屏风和灯具，都是通过对方形元素的破裂打散重组、重叠、变形而来。墙面天花灯带的设计增强了空间感，紫蓝色灯光打在屏风上，与包厢内暖红色的色调形成对比，强烈地烘托了主题（见图 6-56 ）。大厅及吧台的设计也同样别具一格（见图 6-57 ）。

图 6-56　包厢效果图

4. 黄志刚作品（指导老师：秦亚平）

作品名称：酒吧光环境设计——"流"。

设计说明：室内运用大量的曲线，通过穿插重叠而成，而墙面赋予了金属镜面的材质，可作为反光和扩大室内空间的作用，墙面也用了一些发光曲面的发光带，让室内的空间更有流动性，同时天花和地板都采用了黑色的金刚大理石，增加室内空间的尺度和神秘感（见图 6-58 ~图 6-60）。

图 6-57　大厅及吧台效果图

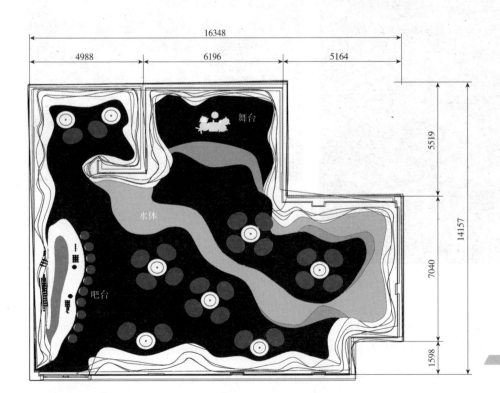

图 6-58　平面布置图（单位：mm）

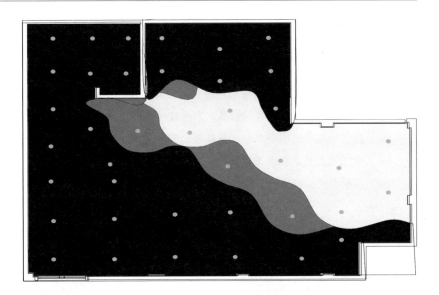

图 6-59　天花布置图

图 6-60　效果图

5. 王翔作品（指导老师：秦亚平）

作品名称：青枫公园光环境设计。

设计说明：青枫公园是集"生态、科普、活力"三大主题于一身的城市森林公园。青枫公园灯光环境设计应用照明的光与色的变化来烘托主题；以生态环保的理念，营造一个休闲、幽静、浪漫的公园夜景观。此方案充分体现了以人为本，人与自然和谐共同发展的理念。

公园灯光夜景总体构思。

（1）常州青枫公园照明注重全园大场景的控制，整体采用冷色（以在公园内营造出一份宁静和优雅），辅助一些暖色和七彩色，突出地景红道场景体验性与整体雕塑感。

（2）总体上以"自然"为突出特点，同时辅以得体的功能性照明，公园的主道路、辅道路用不同色彩及亮度的灯光进行配置，从而满足人们的基本方向性的识别。

（3）用色彩来突出桥亭水榭以及建筑，并美化每一株植物。

（4）全园节点照明色彩丰富突出，以主要干道为照明主线，设计景观节点与场地照明场景，并形成游赏为主题公园的照明模式，营造一个独特的夜景公园（见图6-61和图6-62）。

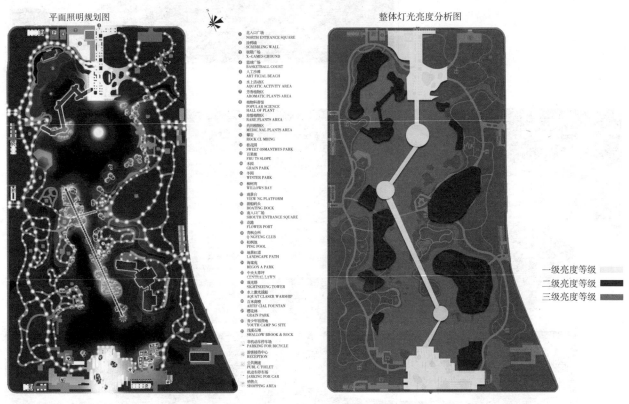

平面照明规划图　　　　　　　　　　　　整体灯光亮度分析图

① 北入口广场 NORTH ENTRANCE SQUARE
② 涂鸦墙 SCRIBBLING WALL
③ 极限广场 X-GAMES GROUND
④ 篮球广场 BASKETBALL COURT
⑤ 人工沙滩 ARTI FICIAL BEACH
⑥ 水上活动区 AQUATIC ACTIVITY AREA
⑦ 芳香植物区 AROMATIC PLANTS AREA
⑧ 植物科普馆 POPULAR SCIENCE HALL OF PLANT
⑨ 珍稀植物区 RARE PLANTS AREA
⑩ 药用植物区 MEDIC NAL PLANTS AREA
⑪ 攀岩 ROCK CL MBING
⑫ 桂花园 SWEET OSMANTHUS PARK
⑬ 百果坡 FRU TS SLOPE
⑭ 禾园 GRAIN PARK
⑮ 冬园 WINTER PARK
⑯ 柳树湾 WILLOWS BAY
⑰ 观景台 VIEW NG PLATFORM
⑱ 游船码头 BOATING DOCK
⑲ 南入口广场 SHOUTH ENTRANCE SQUARE
⑳ 花港 FLOWER PORT
㉑ 青枫公所 Q NGFENG CLUB
㉒ 乒乓地 PING POOL
㉓ 地形步道 LANDSCAPE PATH
㉔ 秋棠园 BEGON A PARK
㉕ 中央大草坪 CENTRAL LAWN
㉖ 观光塔 SIGHTSEEING TOWER
㉗ 水上激光舰船 AQUAT CLASER WARSHIP
㉘ 百米高喷 ARTIF CIAL FOUNTAIN
㉙ 稻场林 GRAIN PARK
㉚ 青少年营地 YOUTH CAMP NG SITE
㉛ 浅滩石滩 SHALLOW BROOK & ROCK
　非机动车停车场 PARKING FOR BICYCLE
　游客接待中心 RECEPTION
　公共厕所 PUBL C TOILET
　机动车停车场 ARKING FOR CAR
　销售点 SHOPPING AREA

一级亮度等级 ▦
二级亮度等级 ▦
三级亮度等级 ▦

▰ 图6-61　平面照明规划图和整体灯光亮度分析图

▰ 图6-62　青枫公园夜景

　　地景虹道上的边缘镶嵌光束成八字形的地灯，形成层次分明的光影效果。玻璃里面镶嵌 LED 线灯、点光突出了虹道的结构（见图 6-63）。

　　灯光色彩及湖面的反射倒影都采用自然色调，使整体效果和谐、自然亲切（见图 6-64）。

　　花港的四周采用浅蓝色的线光，来衬托几何形花港形态。几何形草坪采用简单的草坪灯打出点光的效果，星光点点，美轮美奂（见图 6-65）。

图 6-63　地景虹道照明

图 6-64　瀑布光影

图 6-65　花港照明

6.胡浪滨作品（指导老师：秦亚平）

作品名称：深圳大学文山湖景观照明设计。

设计说明：在深圳大学的校园环境中，文山湖是拥有水面积最大的地方，同时也是老师同学们放松身心的好去处。白天可以赏鱼观花，晚上可以赏月赏灯赏影。

本方案主要是对情景照明的探索，把情景照明融入校园环境中，结合校园文化特色，打造一种诗意般的夜景氛围。人在此空间感受艺术氛围的同时，也可净化心灵，提高与时俱进的精神。因此提出了本方案的主题：净·心——心灵对话；心灵净化；心灵成长。

设计原则如下。

（1）将情景照明的手法融入校园光文化环境中。提高传统照明的艺术性，升华校园文化的内涵。

（2）创造独特的校园光环境，展现校园光文化的神韵、精华及灵气。

（3）灯光技术与艺术结合，展现人文与自然的和谐（如图 6-66～图 6-71）。

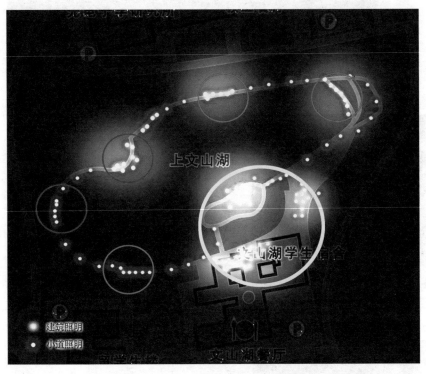

一级亮度　二级亮度　三级亮度

图 6-66　亮度规划图

图 6-67　光色规划图

图 6-68　效果图 1——"对话"

图 6-69　效果图 2——文山湖建筑效果图

图 6-70　效果图 3——湖边效果图

示意图

设计草图

灯光小品——"荷花"

此灯光小品运用了"仿生态"的情景照明的手法，把荷花造型进行抽象化，营造一种"荷塘月色"般的意境。体现文山湖"静"的状态。

图6-71　灯光小品——"荷花"

7. 李圆圆作品（指导老师：秦亚平）

作品名称：深圳大学新老图书馆光环境设计。

设计说明：本设计以"时光"为设计主题，对图书馆区域景观及建筑进行深入剖析，提炼出三段灯光设计主题分别为："时光如梭"、"时光中心"、"时空连接"。

通过灯光的处理表现南北图书馆之间的对话，并以情景的营造，表现林荫道的沉思空间意境（见图6-72）。

"时光如梭"的设计意在提醒人们珍惜时光，潜心读书。灯具造型为织布梭子的抽象变形，梭灯从树梢垂挂下来，高低起伏、错落有致（见图6-73）。

▪▪▪▪▪　景观轴线
　　　　林荫小道
○　　　建筑物
●　　　特色节点

图6-72　区域空间照明

中心广场灯光小品，采取树木年轮斜切面为题材，以不同色彩的灯光围合。犹如时间在对话，与北图书馆一层的主题墙相呼应（见图 6-74）。

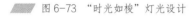

图 6-73　"时光如梭"灯光设计

图 6-74　"时光中心"灯光设计

"时光连接"灯光设计（见图 6-75 和图 6-76）。

图 6-75　南图书馆效果图

图 6-76　北图书馆效果图

6.4 当代时尚光环境设计潮流

6.4.1 室内光环境设计赏析

（1）居住空间光环境设计（见图6-77）。

图6-77 居住空间照明

（2）办公空间光环境设计（见图 6-78）。

（3）餐饮空间光环境设计（见图 6-79）。

▨ 图 6-78　办公空间照明

▨ 图 6-79　餐饮空间照明

（4）商业空间光环境设计（见图6-80）。

（5）酒店空间光环境设计（见图6-81）。

图6-80　商业空间照明

图6-81　酒店空间照明

（6）演艺中心光环境设计（见图6-82）。

图 6-82 演艺中心照明

6.4.2 室外光环境设计赏析

（1）城市建筑光环境设计（见图6-83）。

（2）建筑雕塑光环境设计（见图6-84）。

（3）园林景观光环境设计（见图6-85）。

（4）景观道路光环境设计（见图6-86）。

图6-84 建筑雕塑照明

图6-83 城市建筑照明

图6-86 景观通路照明

图6-85 园林景观照明

（5）桥梁光环境设计（见图 6-87）。

（6）植物光环境设计（见图 6-88）。

（7）水体景观光环境设计（见图 6-89）。

图 6-87　桥梁照明

图 6-88　植物照明

图 6-89　水体景观照明

（8）灯光装置艺术设计（见图6-90）。

（9）情景照明设计（见图6-91）。

（10）自然光环境设计（见图6-92）。

图6-90　灯光装置艺术

图6-91　情景照明

图6-92　完美的自然光

复 习 题

（1）光环境设计研究。光的基础知识，光对人的感受，光环境设计要素，光环境的过去、现状与未来发展趋势。案例提议、设计方案的确立。

（2）光环境设计方案。①酒吧、咖啡屋、西餐厅室内光环境设计；②城市灯光景观设计；③公共小区光环境设计。

设计表现（效果展示）：以各种草图、示意图、图纸格式表现；设计排版（1～3 块版面竖排版）；设计方案用 JPG 看图格式表现。

参 考 文 献

[1] （美）M・戴维・埃甘，维克多・欧尔焦伊．建筑照明［M］.2 版．袁樵，译．北京：中国建筑工业出版社，2006.

[2] （英）M・A`卡意莱斯，A・M・马斯登．光源与照明［M］.陈大华，胡忠浩，胡荣生，译．上海：复旦大学出版社，2000.

[3] 杨公侠．视觉与视觉环境［M］.上海：同济大学出版社，2002.

[4] （英）珍妮特・特纳．艺术照明与环境空间：公共空间［M］.焦燕，译．北京：中国建筑工业出版社，2001.

[5] （英）珍妮特・特纳．艺术照明与环境空间：零售空间［M］.焦燕，译．北京：中国建筑工业出版社，2001.

[6] （日）NIPPO 电机株式会社．间接照明［M］.许东亮，译．北京：中国建筑工业出版社，2004.

[7] 陆燕，姚梦明．商店照明［M］.上海：复旦大学出版社，2004.

[8] （美）让・高尔曼．室内设计照明实例［M］.李斯平，胡幕辉，译．沈阳：辽宁科技出版社，2007.

[9] （日）中岛龙兴．照明灯光设计［M］.马卫星，译．北京：北京理工大学出版社，2003.

[10] 史习．平展示设计［M］.北京：清华大学出版社，2008.

[11] 叶苹．展现的艺术：展示教程原理［M］.北京：中国建筑工业出版社，2010.

[12] 朱淳，邓雁．展示设计基础［M］.上海：上海人民美术出版社，2005.

[13] 尚慧芳，陈新业．展示光效设计［M］.上海：上海人民美术出版社，2006.

[14] 施琪美．装饰灯光效果设计［M］.南京：江苏科技出版社，2001.

[15] 谢浩．现代家居照明设计［M］.北京：机械工业出版社，2004.

[16] 饶勃．建筑灯具装饰技术［M］.上海：上海科学技术文献出版社，2003.

[17] 高覆泰．建筑设计中的灯光艺术［M］.南昌：江西科学出版社，1997.

[18] 张志新．裁剪光线［M］.石家庄：河北美术出版社，2004.

[19] 吴少华．古灯千年［M］.北京：百家出版社，2004.

[20] 迪尚．光的空间设计［M］.杭州：浙江人民美术出版社，1995.

[21] 朝仓直己，陈小清．光构成［M］.南宁：广西美术出版社，2000.

[22] 黄引达，等．室外艺术照明设计方案［M］.南京：东南大学出版社，2003.

[23] 刘盛璜．人体工程学与室内设计［M］.北京：中国建筑工业出版社，2008.

[24] 杜异．照明系统设计［M］.北京：中国建筑工业出版社，1999.

[25] 张金，李广．光环境设计［M］.北京：北京理工大学出版社，2009.

[26] 徐纯一．光在建筑中的安居［M］.北京：清华大学出版社，2010.

[27] 姜晓樱，侯宁．光与空间设计［M］.北京：中国电力出版社，2009.

[28] 书中图片来自下列网站：

www.dengguang.com

www.alighting.cn

www.renren.com

www.dogpile.com

www.baidu.com

www.interiormagz.com

www.idpinternational.com

www.lightingchina.com

www.nipic.com

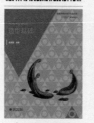